Orientierung des Menschen in seiner Umwelt

Informationsaufnahme

1 Zur Aufnahme der Reize besitzt der Mensch verschiedene Sinneszellen bzw. Sinnesorgane. Benenne sie. Fülle die Tabelle aus.

Sinnesorgane/Sinneszellen	Reize	Ort der Reizaufnahme	Empfindungen
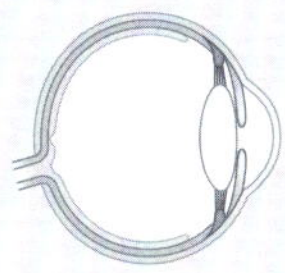			
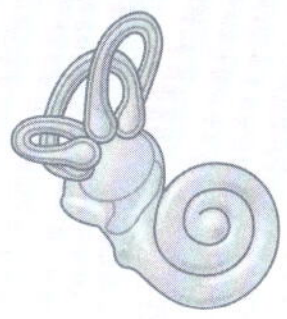			
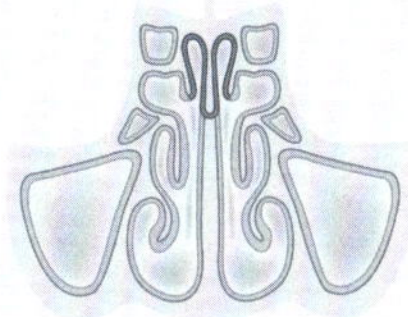			
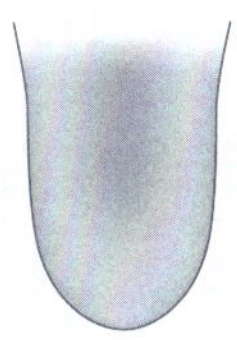			
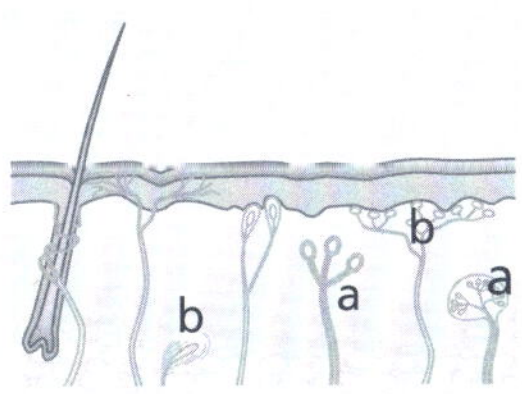 a) b)	a) b)		

2 Definiere den Begriff Reizbarkeit.

3 Benenne die in der Abbildung gekennzeichneten Teile des Auges und seiner Schutzorgane. Gib zu den Teilen des Auges je eine Funktion in Klammern dahinter an.

1 ______________________

2 ______________________

3 ______________________

4 ______________________

5 ______________________

6 ______________________

7 ______________________

8 ______________________

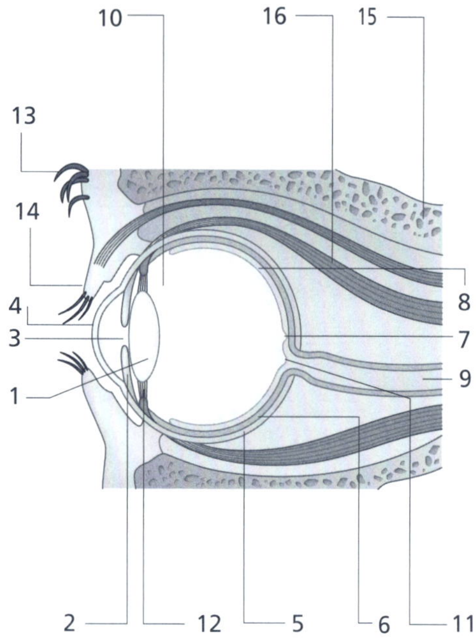

9 ______________________

10 ______________________

11 ______________________

12 ______________________

13 ______________________

14 ______________________

15 ______________________

16 ______________________

4 Beschreibe die Entstehung eines Bildes auf der Netzhaut.

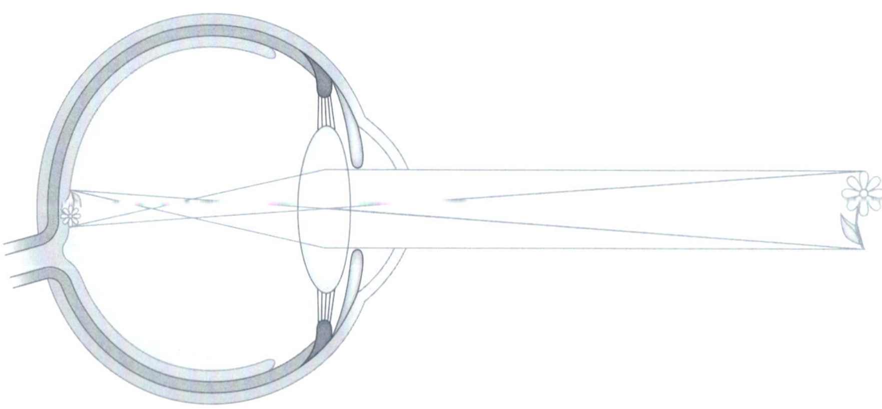

5 Ergänze die Funktionen beim Sehvorgang von unten nach oben.

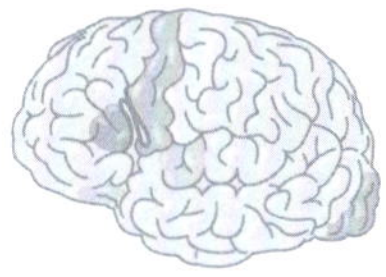

Gehirn (Sehzentrum) →

→

Sehnerv →

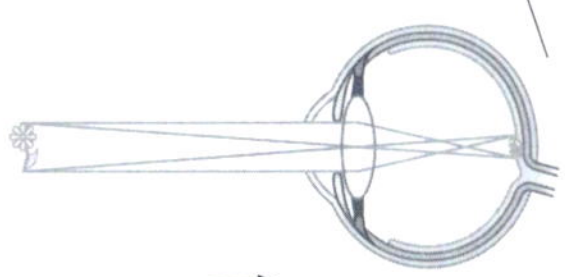

Lichtsinneszellen der Netzhaut →

→

Lichtreiz

Linse →

6 Wir können nahe und entfernte Gegenstände nicht gleichzeitig erkennen.
Betrachte abwechselnd den Bleistift und den Hintergrund des Bleistiftes in der Nähe und in der Ferne. Beschreibe deine Beobachtungen. Begründe deine Aussage mithilfe der Abbildungen.

Nahakkommodation

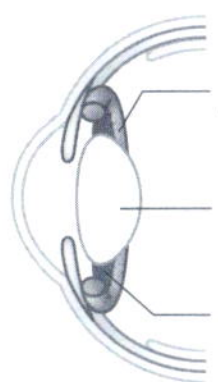

Fernakkommodation

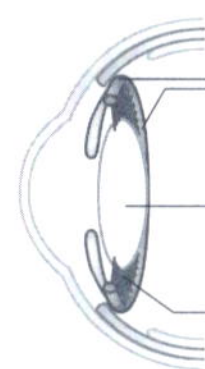

7 Der Kurzsichtige sieht in der Nähe gut, in der Ferne verschwommen. Begründe diese Erscheinung.

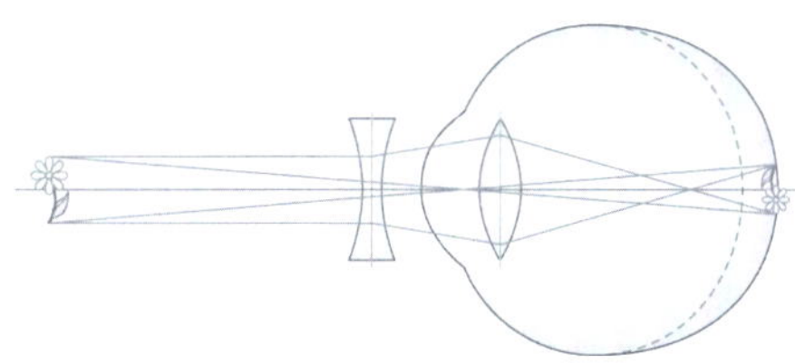

8 Benenne die in der Abbildung gekennzeichneten Teile des Ohrs.
Gib zu den Teilen des Ohrs die Funktionen in Klammern dahinter an.

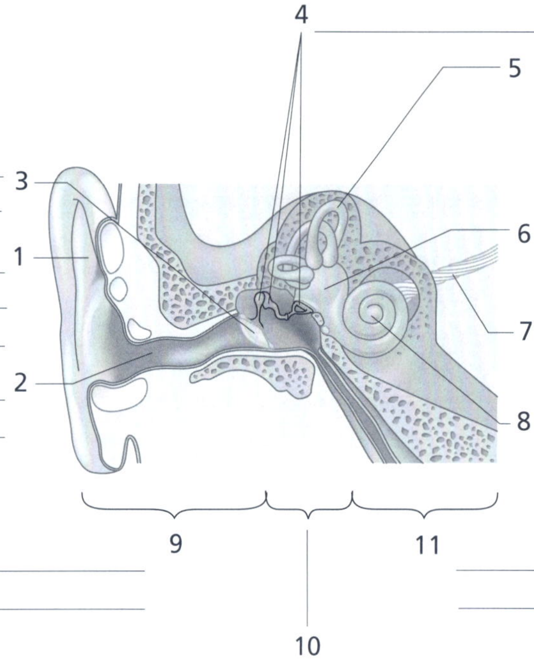

9 Ergänze die Funktionen beim Hörvorgang. Beginne rechts unten.

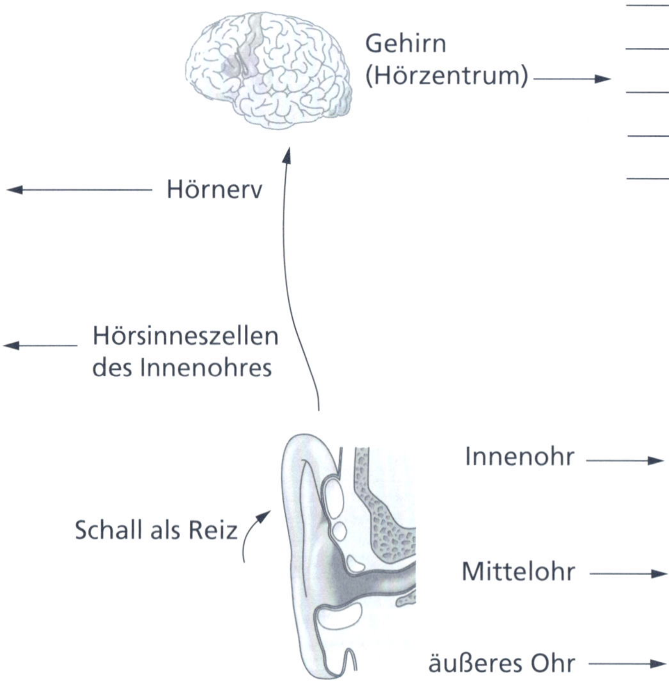

10 Die Haut ist ein Sinnesorgan. Begründe diese Aussage anhand der Abbildung.

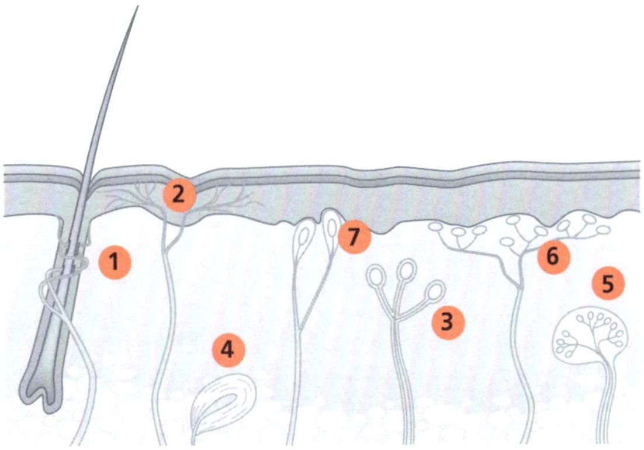

1 Nervenfortsätze am Haar
2 freie Nervenendigungen
3 Kälterezeptoren
4 Lamellenkörperchen
5 Wärmerezeptoren
6 Tastscheiben
7 Tastkörperchen

11 Weise Druckpunkte in der Haut nach und vergleiche ihre Dichte an verschiedenen Körperstellen.

Materialien:
Testpersonen: Mitschüler
Geräte: Filzstift (oder Fettstift), Lineal mit Zentimetereinstellung, Augenbinde, Tastborste (an ein Holzstäbchen wird rechtwinklig zu seiner Achse ein Stück einer Schweine-borste mit Wachs angeklebt)

Durchführung und Beobachtung:

1. Auf der Haut deines Nachbarn wird an verschiedenen Körperstellen, z. B. Handrücken, Oberarm, Unterarm, eine Fläche von etwa 1 cm^2 mit dem Filzstift abgegrenzt. Die gleiche Fläche wird auf dem Millimeterpapier umgrenzt.
2. Verbinde deinem Nachbarn die Augen.
3. Ermittle die Anzahl der Druckpunkte an verschiedenen Körperstellen, indem du jeweils die gesamte Fläche (1 cm^2) durch Berühren mit einer Tastborste absuchst. Dein Nachbar soll angeben, wenn er einen Berührungsreiz empfindet. Zeichne jeden Druckpunkt mit Filzstift in da jeweilige Kästchen auf dem Millimeterpapier.
4. Stelle die Ergebnisse in der Tabelle zusammen.

Körperstellen	Anzahl der erkundeten Berührungsreize (Druckpunkte) pro 1 cm^2
Handrücken	
Oberarm außen	
Unterarm innen	

Auswertung:

Informationsverarbeitung

1 Der Mensch besitzt ein Zentralnervensystem. Nenne die Teile. Beschrifte die Abbildung.

Teile des Zentralnervensystems:

Bau des Gehirns

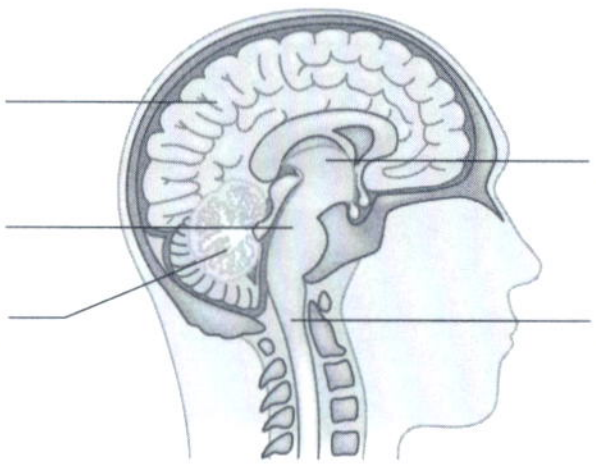

2 Benenne die Teile einer Nervenzelle.

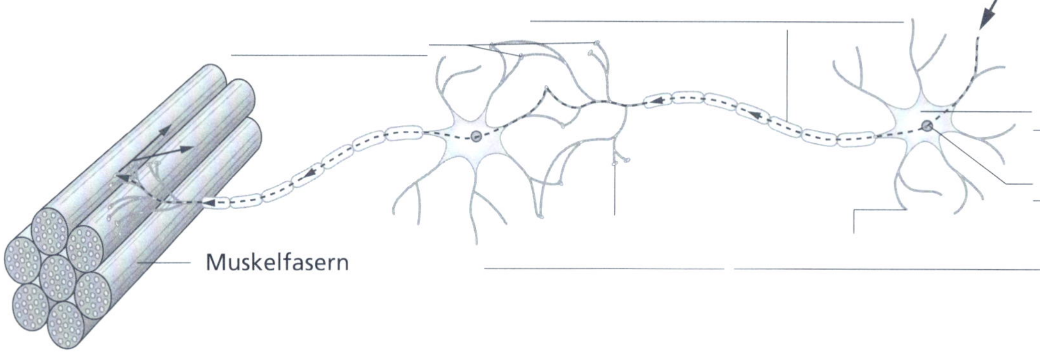

3 Die Erregungsübertragung erfolgt über Synapsen. Beschreibe mithilfe der Abbildungen diesen Vorgang.

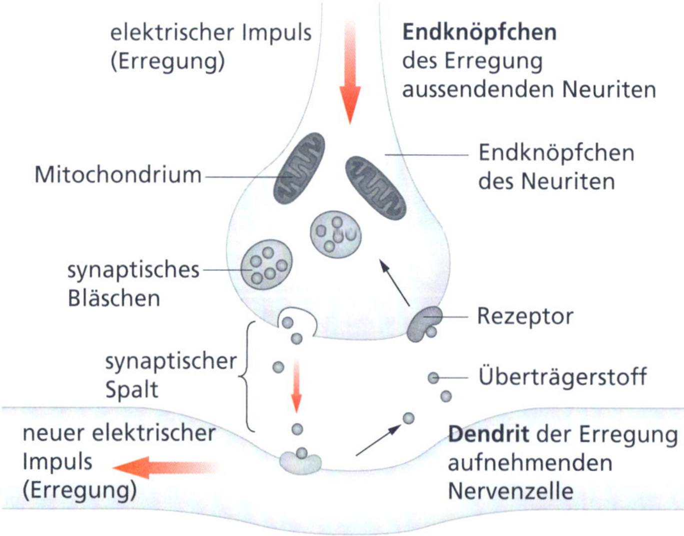

4 Ordne den mit Ziffern gekennzeichneten Teilen einer Reiz-Reaktionskette folgende Bezeichnungen zu: Rückenmark/Gehirn (Reflexzentrum), Sinneszelle (Rezeptor), Bewegungsnerv (motorischer Nerv), Erfolgsorgan (Effektor), Empfindungsnerv (sensibler Nerv).

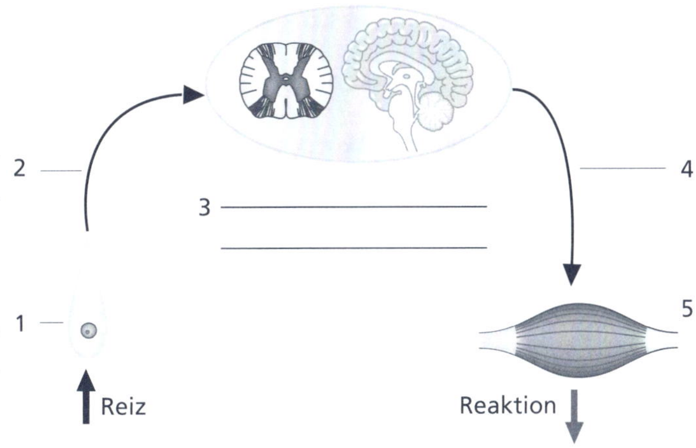

5 Beschreibe anhand der Abbildung den angeborenen (unbedingten) Speichelreflex.

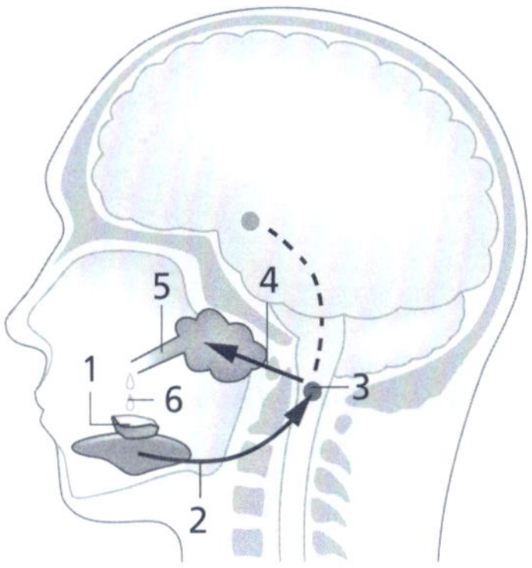

6 Auf Reize aus der Umwelt reagiert der Organismus mit bestimmten Reaktionen, z. B. mit einem Reflex. Beschreibe den Ablauf des Kniesehnenreflexes.

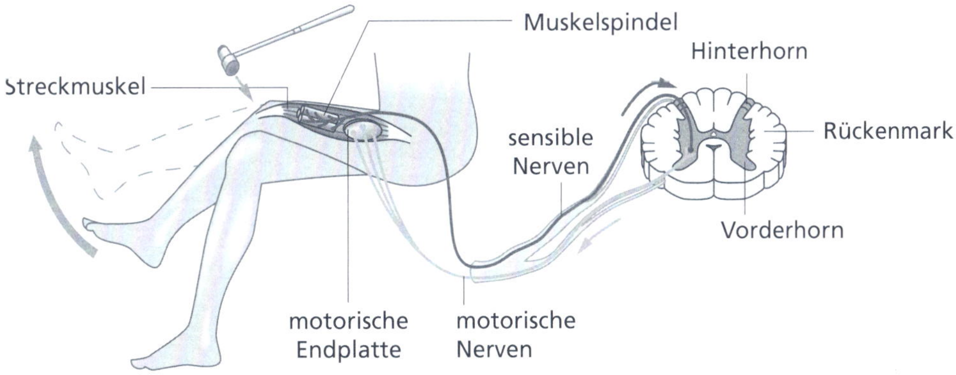

7 Ergänze den folgenden Lückentext.

Mit den ______________________ und ______________________ nimmt der Mensch Reize aus der Umwelt und dem Inneren des Körpers auf. ______________________ leiten die Erregungen zum Gehirn bzw. Rückenmark. Beide Teile des Nervensystems sind wichtige ______________________. Von ihnen leiten ______________________ die Erregungen weiter bis zu den ______________________. Sie führen die bestimmte ______________ aus. So ist eine ______________________ Kette entstanden.

8 Wir ziehen unsere Hand sofort zurück, wenn wir mit ihr unbewusst einen sehr heißen Gegenstand berühren. Beschreibe an diesem Sachverhalt den Ablauf einer Reiz-Reaktions-Kette.

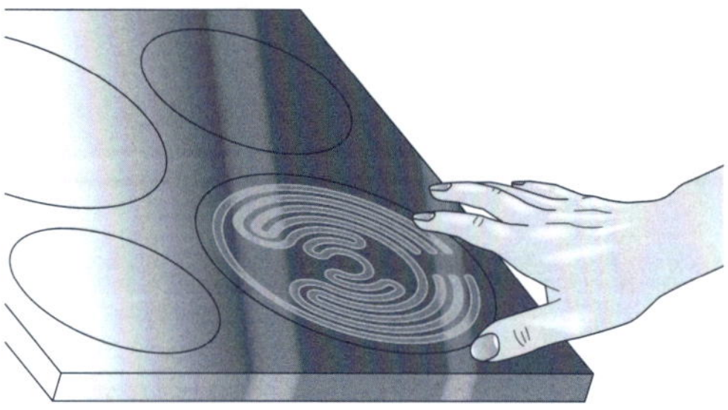

____

____

____

____

____

____

9 Beschreibe anhand der Abbildungen die Ausbildung eines erworbenen (bedingten) Speichelreflexes.

10 Um zu lernen, müssen die Individuen in der Lage sein, Informationen aus der Umwelt aufzunehmen und zu speichern sowie sie später situationsgerecht anzuwenden. Lernen beruht also auf Leistungen des Gehirns. Was verstehst du unter folgenden Lernformen? Nenne jeweils Beispiele.

Lernen durch Beobachtung und Nachahmung:

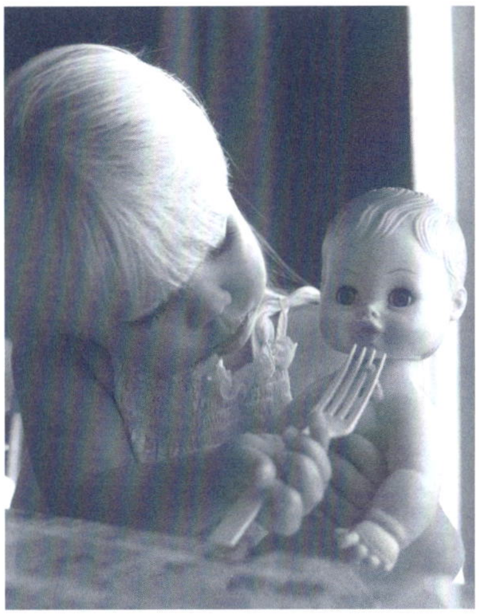

Lernen durch Prägung:

Lernen durch Versuch und Irrtum:

Zusammenwirken von Hormon- und Nervensystem

1 Einige biologische Prozesse werden durch das Zusammenwirken von Nerven- und Hormonsystem reguliert, z. B. der Blutzuckerspiegel. Vervollständige die Darstellung.

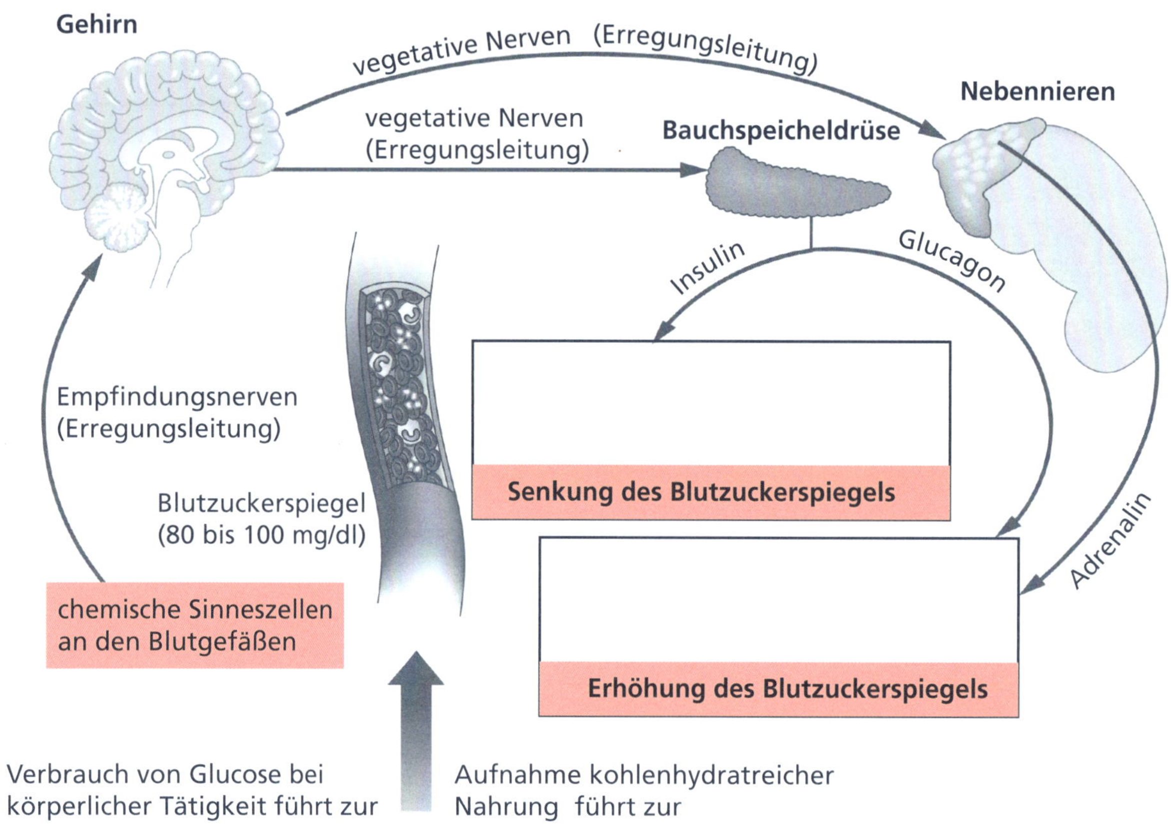

______________________ ______________________

2 Grundlage für die Regelung und Steuerung der Lebensprozesse in unserem Körper sind zahlreiche biologische Regelkreise.
Erläutere, worin der Unterschied zwischen einem biologischem Regelkreis und einem Reflexbogen besteht.

____

____

____

____

____

____

____

____

____

Sexualität, Fortpflanzung und Entwicklung des Menschen

Die Geschlechtsorgane des Menschen

1 a) Ordne die Buchstaben (a bis o) in den Abbildungen den Geschlechtsorganen in der Tabelle zu.
b) Vervollständige die Tabelle.

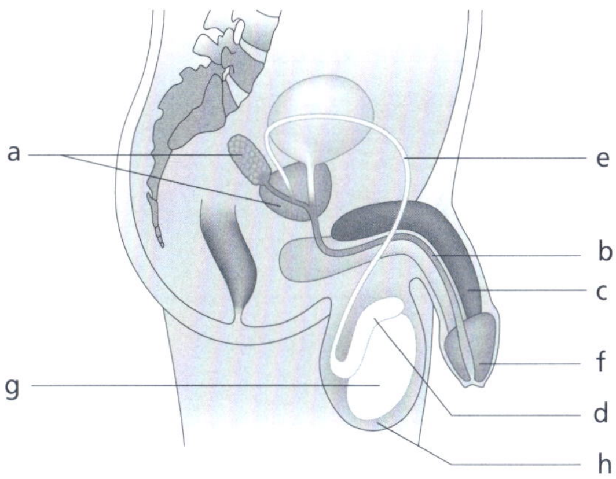

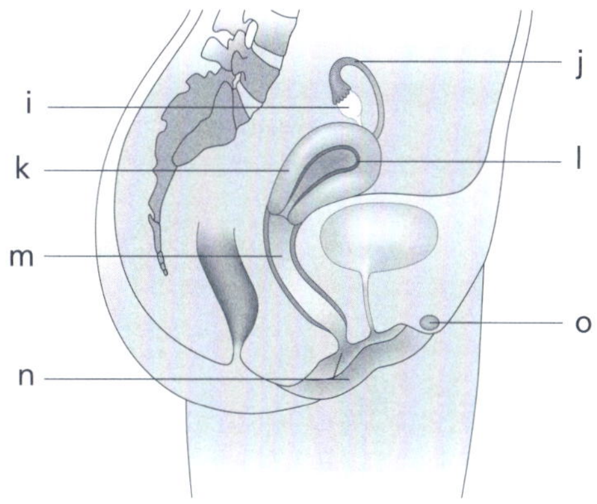

Geschlechtsorgane	Funktionen
männlich	
paarige Hoden ( )	
im Hodensack ( )	
Nebenhoden ( )	
paarige Samenleiter ( )	
Drüsen ( )	
Glied (Penis) mit Schwellkörpern ( )	
Harn-Samen-Röhre ( )	
Eichel ( )	
Vorhaut	
weiblich	
paarige Eierstöcke ( )	
paarige Eileiter ( )	
Gebärmutter als dicker Hohlmuskel ( )	
mit Schleimhaut ( )	
Scheide mit Schleimhaut ( )	
Kitzler mit Nervenzellen ( )	
Schamlippen ( )	

2 Nach Eintritt der Geschlechtsreife treten im weiblichen Organismus in regelmäßigem Abstand Blutungen auf. Diese regelmäßige Aufeinanderfolge von Blutungen bezeichnet man als Menstruationszyklus.

a) Beschrifte die Abbildung. Verwende dazu folgende Begriffe: neuer Follikel, Menstruation, Gelbkörperbildung und -rückbildung, Wachstumsphase, Eizellentod, Sekretionsphase, Follikelreifung, Menstruation.

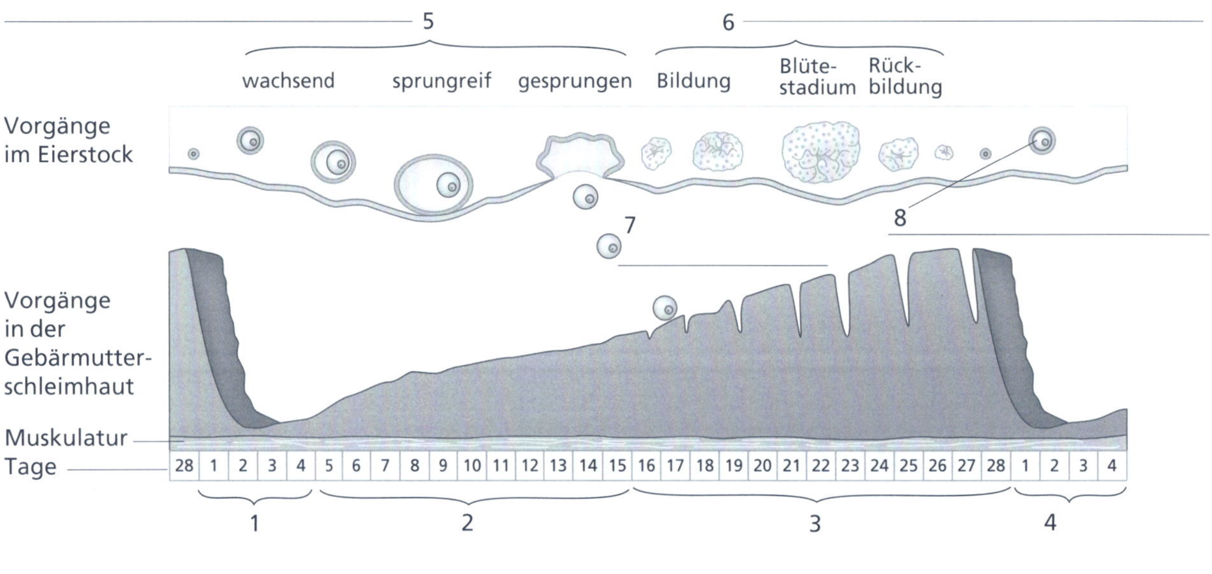

b) Beschreibe anhand der oberen und der folgenden Abbildungen den Ablauf des Menstruationszyklus.

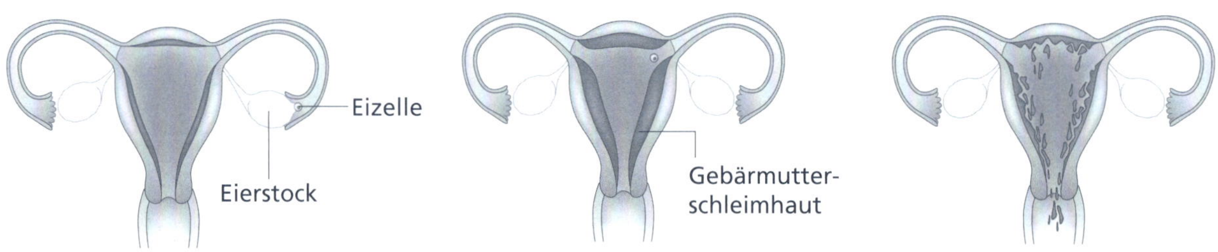

Fortpflanzung und Entwicklung des Menschen

1 Die Abbildung stellt den Beginn der Schwangerschaft schematisch dar. Beschrifte die Abbildung.

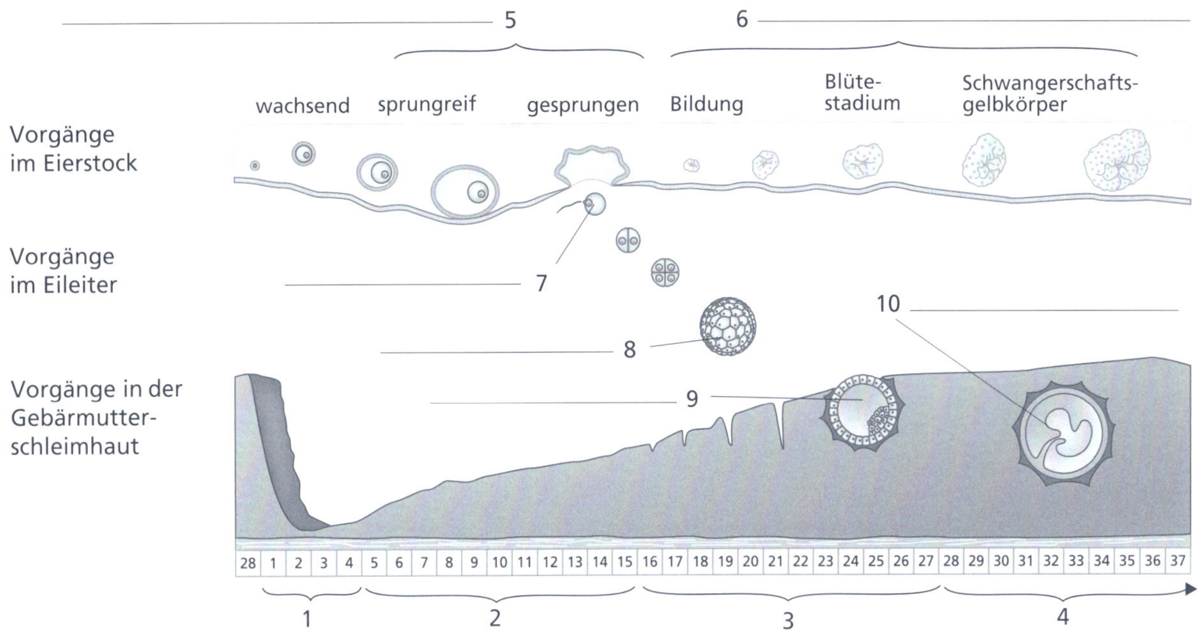

2 Beschreibe den abgebildeten Vorgang.

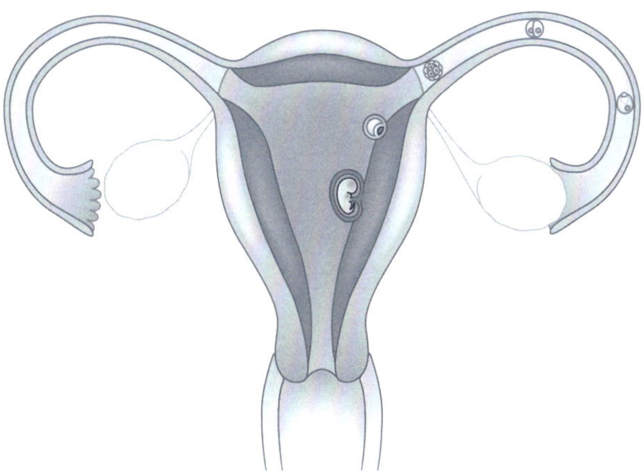

3 Das Kind liegt geschützt im Mutterleib.
Beschrifte die Abbildung. Gib für jeden Teil eine Funktion in Klammern dahinter an.

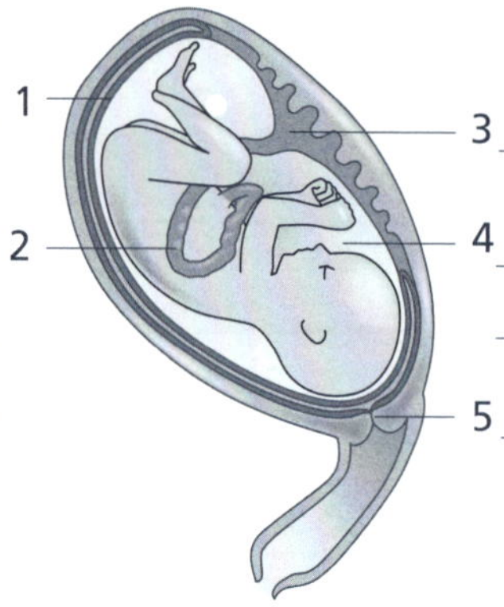

4 Die Geburt verläuft in drei Phasen. Beschreibe anhand der Abbildungen den Geburtsverlauf.

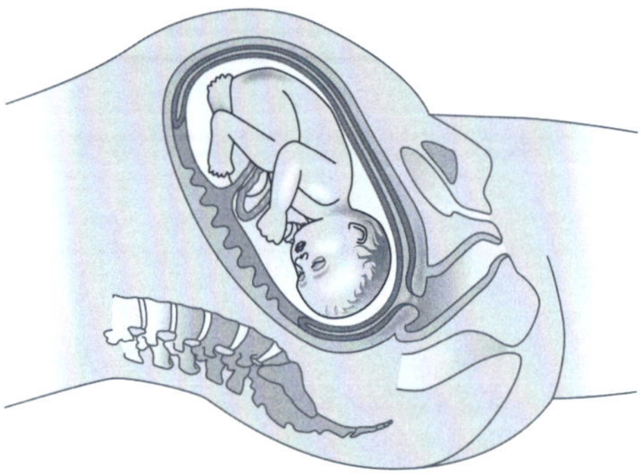

Phase 1:

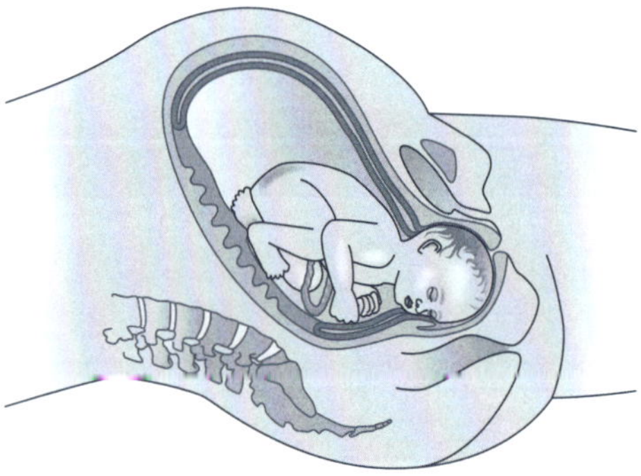

Phase 2:

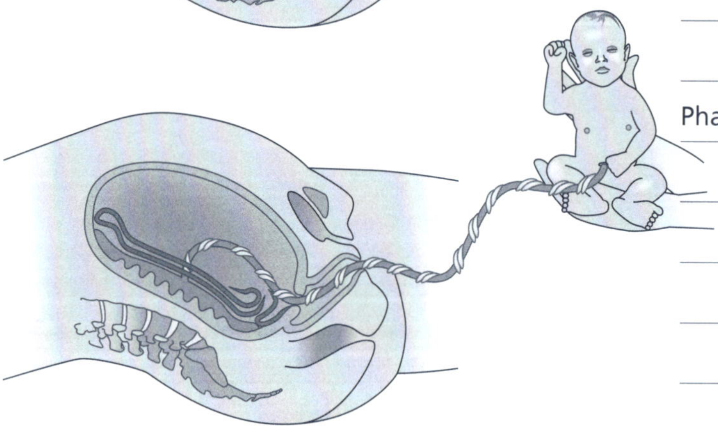

Phase 3:

5 Die verschiedenen Methoden zur Schwangerschaftsverhütung unterscheiden sich durch ihre Wirkungsweise und durch ihre Wirksamkeit. Der *Coitusinterruptus* (sogenanntes „Aufpassen“) zählt zu den unsicheren Methoden (Pearl-Index 4 bis 18).

a) Die Auswahl einer Verhütungsmethode setzt Kenntnisse über ihre Wirkungsweise voraus. Ergänze dazu die Tabelle.

Verhütungsmethode		Wirkungsweise
mechanische Methoden (Barrieremethoden)		
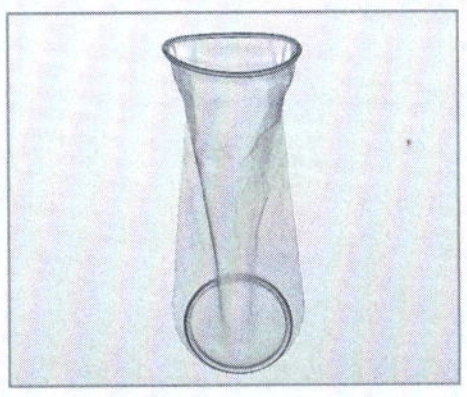 Femidom	 Kondom	
hormonelle Methoden		
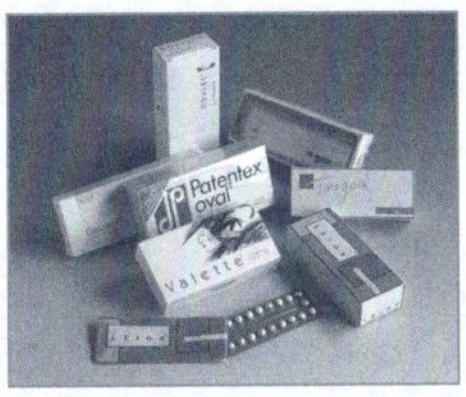 „Pille“	– Vaginalring – Hormonspirale – Hormonpflaster – Implantat	
natürliche Methoden		
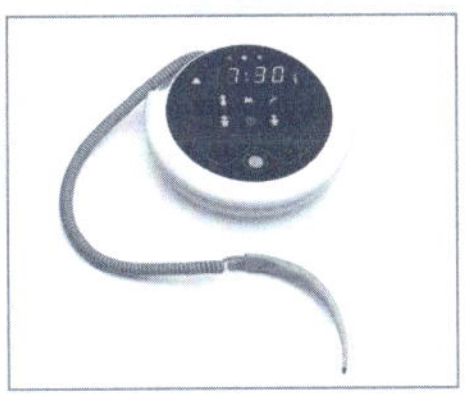 Nutzung von elektronischen Messgeräten („Babycomputer“)	– Temperaturmethode (nach Döring und Thyma) – Schleimhautmethode	

b) Schätze die Wirksamkeit der aufgeführten Methoden ein.

Grundlagen des Stoff- und Energiewechsels des Menschen

Ernährung und Verdauung

1 Nenne Nahrungsmittel, die besonders viel Eiweiß, Kohlenhydrate oder Fett enthalten.

Eiweißreiche Nahrungsmittel: ______________________________

Kohlenhydratreiche Nahrungsmittel: ______________________________

Fettreiche Nahrungsmittel: ______________________________

2 Ordne folgende Begriffe in das Schema ein: Ergänzungsstoffe, Fette, Kohlenhydrate, Vitamine, Nährstoffe, Ballaststoffe, Wasser, Eiweiße, Mineralstoffe, Bestandteile der Nahrung.

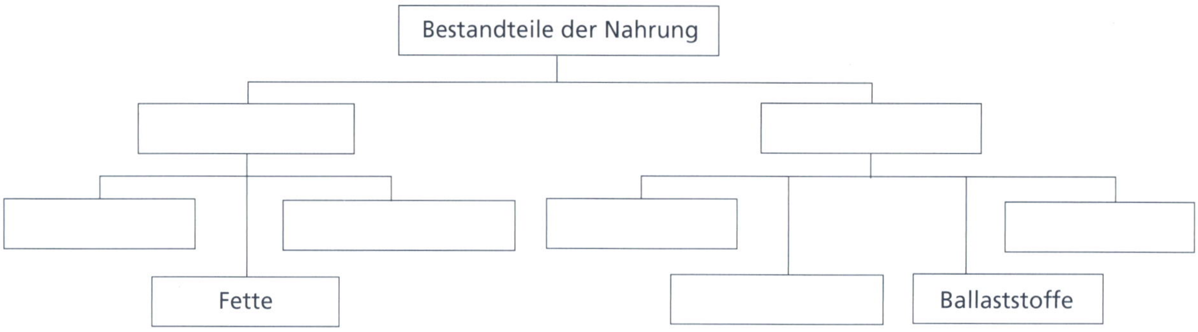

3 Fülle die Tabelle aus.

Bestandteile der Nahrung	Bedeutung
Eiweiße	
Fette	
Kohlenhydrate	
Vitamine	
Mineralstoffe	
Wasser	
Ballaststoffe	

4 Nahrungsmittel haben einen unterschiedlichen Energiegehalt. Errechne den Energiegehalt einer selbst zusammengestellten Frühstücksmahlzeit. Nutze dazu Ernährungstabellen.

5 Kreuze in der folgenden Übersicht ehrlich an, welche Aussage jeweils auf dich zutrifft. Ziehe Schlussfolgerungen für eine gesunde Ernährung daraus.

1. Meine Mutter verwendet viel Fett zum Kochen und Braten. ☐
2. Auf den Suppen schwimmen immer Fettaugen. ☐
3. Die Bratensoße wird mit Sahne verfeinert. ☐
4. Zu Kartoffeln esse ich gern viel Sauce. ☐
5. Eintopfgerichte kocht meine Mutter mit einem Stück Fleisch. Zusätzlich gibt es bei der Mahlzeit Speck/Wurst. ☐
6. Salatsoße auf Jogurtbasis verfeinert meine Mutter mit Öl. ☐
7. Ich esse gern Wurst und Käse als dicke Scheibe. ☐
8. Eine Scheibe Brot belege ich gern mit zwei Scheiben Wurst/Käse. ☐
9. Ich esse in regelmäßigen Abständen fünfmal am Tag. ☐
10. Ich esse in Ruhe und ohne Hektik. ☐
11. Beim Essen lese ich gerne oder sehe mir das Fernsehprogramm an. ☐
12. Ich beeile mich beim Essen. ☐
13. Ich esse gern Vollkornbrot. ☐
14. Ich esse jeden Tag Rohkost, z. B. Salat, rohe Möhren. ☐
15. Ich „nasche" gern zwischen den Mahlzeiten, z. B. Käse/Wurst oder Süßigkeiten. ☐
16. Bei den Mahlzeiten nehme ich mir manchmal noch einen „Nachschlag". ☐
17. Ich trinke 1,5 Liter am Tag, z. B. Mineralwasser, ungesüßter Tee. ☐
18. Ich freue mich, wenn die Familie gemeinsam die Mahlzeiten einnimmt. ☐

6 Durch eine gesunde Ernährung kannst du Übergewicht vermeiden sowie Magen- und Darmerkrankungen vorbeugen. Gib entsprechende Ernährungsregeln an.

7 Übergewicht begünstigt die Entstehung vieler Erkrankungen. Nenne Ursachen für ein überhöhtes Körpergewicht. Ziehe daraus Schlussfolgerungen für eine gesunde Lebensweise.

8 Vergleiche das Gebiss eines Kindes und eines Erwachsenen.

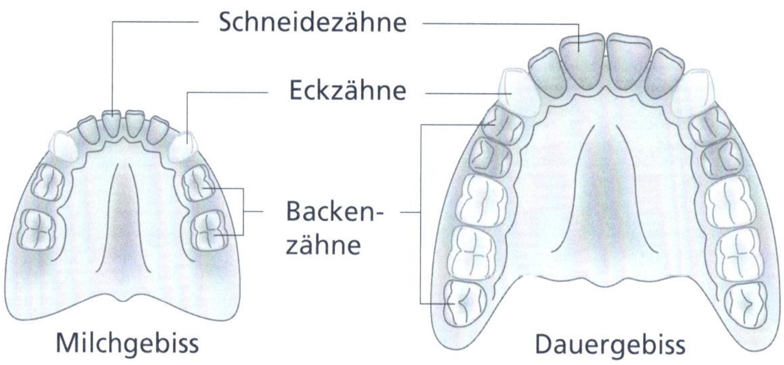

9 Beschreibe den Verlauf der Karies und nenne einige Ursachen für diese Krankheit.

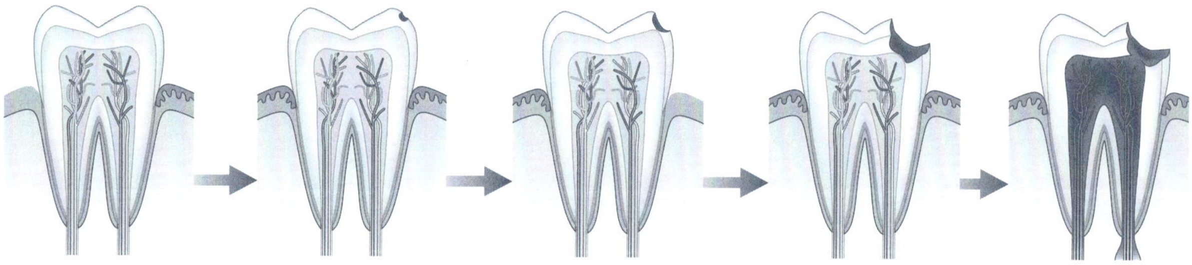

Verlauf:

Ursachen:

10 Beim Abbau der Nährstoffe im Körper wird Energie freigesetzt. Die Menge der freigesetzten Energie ist unterschiedlich. Bei dem Abbau von 1 g der Nährstoffe Kohlenhydrate, Fette, Eiweiße wird folgende Energie freigesetzt:
Kohlenhydrate etwa 17 kJ, Fette etwa 38 kJ, Eiweiße etwa 17 kJ.
Berechne, welche Energiemengen für die jeweiligen Arbeiten pro Tag nötig sind.

Tätigkeiten	Kohlenhydrate	Fette	Eiweiße	Energiemenge/Tag
leichte Arbeit	400–500 g/Tag	50–60 g/Tag	60–80 g/Tag	
schwere Arbeit	500–700 g/Tag	50–60 g/Tag	80–100 g/Tag	
Schwerstarbeit	700–800 g/Tag	90–100 g/Tag	90–100 g/Tag	

11 Mit der Nahrung muss der Energiebedarf des Körpers abgedeckt werden. Die Energiemenge wird in Kilojoule angegeben. Sie ist u. a. abhängig von der Tätigkeit des Menschen:

Schulkind	9 000–10 000 kJ/Tag
Sekretärin	10 500 kJ/Tag
Hausfrau	12 500 kJ/Tag
Bergmann	18 000 kJ/Tag
Bergsteiger	37 000 kJ/Tag

Stelle einen ausgewogenen Speiseplan mithilfe von Ernährungstabellen zusammen:

- für ein Schulkind, das Aufbaustoffe benötigt,
- für eine Person, die körperlich schwer arbeiten muss.

Überprüfe deinen eigenen Speiseplan und ziehe entsprechende Schlussfolgerungen.

12 Benenne die Abschnitte des Verdauungskanals (s. Abb.).
Ergänze deren Aufgaben und abgesonderte Säfte.

Vorgänge in den Verdauungsorganen		
Abschnitte	**abgesonderte Säfte**	**Aufgaben**
1 mit 2		
3		
8		
6 mit 4, 5, 9		
7 mit 11		
10		

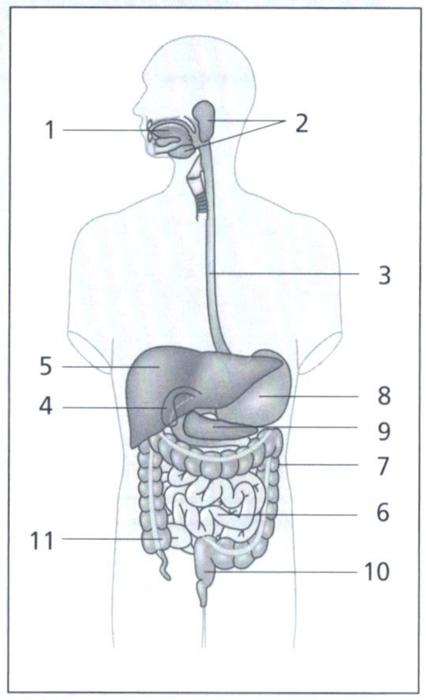

13 Beschreibe, was bei der Verdauung der Eiweiße, Fette und Kohlenhydrate in Mund, Dünndarm und Dickdarm geschieht.

Eiweißverdauung:

Fettverdauung:

Kohlenhydratverdauung: ______________________________

____

____

____

14 a) Beschrifte die in der Abbildung gekennzeichneten Teile einer Dünndarmzotte.

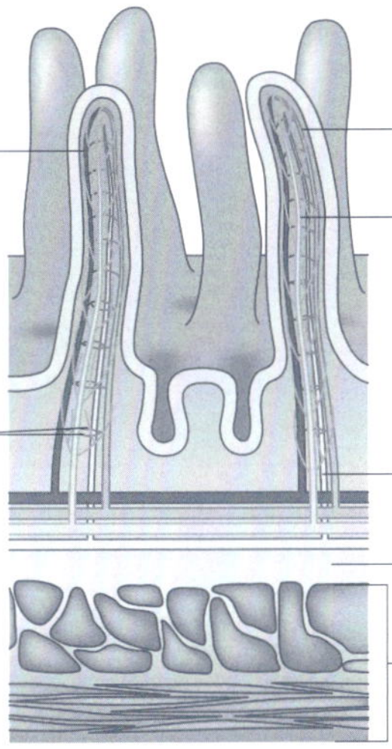

b) Erläutere am Beispiel der Dünndarmzotten den Zusammenhang von Bau und Funktion.

____

____

____

____

15 Vervollständige den Lückentext.

Im Verdauungssystem werden die in der Nahrung enthaltenen __________ mithilfe von __________ in ihre Grundbausteine zerlegt. Die Eiweiße werden in __________, die Kohlenhydrate in __________ umgewandelt. __________ und __________ sind Grundbausteine der Fette. Die Verdauung beginnt in der __________. Dort werden __________ aufgespalten. Die Eiweißverdauung beginnt im __________. Die Endverdauung aller Grundnährstoffe findet im __________ statt. Die Fette werden mithilfe von __________ wasserlöslich gemacht. Durch die Wand der __________ hindurch werden die Grundbausteine der Nährstoffe in __________ und Lymphe transportiert.

Die Atmung

1 Beschreibe anhand der Abbildungen die Bewegung von Zwerchfell und Brustkorb beim Atmen.

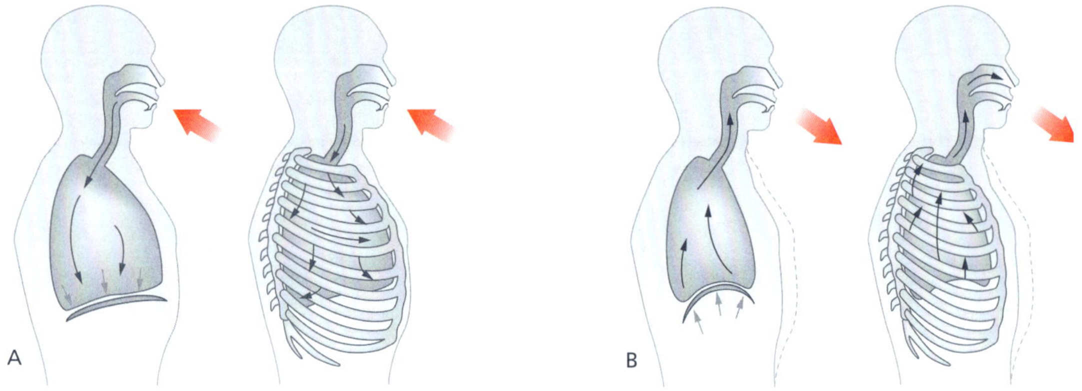

A: ______________________________

____

B: ______________________________

____

2 Weise die Änderung des Brustumfanges beim Ein- und Ausatmen nach.
Gehe nach folgender Anleitung vor:

Materialien: Bandmaß

Durchführung:

a) Atme tief ein und miss deinen Brustumfang. Trage das Ergebnis in die Tabelle ein.

b) Atme vollständig aus und miss noch einmal deinen Brustumfang.
Trage das Ergebnis in die Tabelle ein.

c) Errechne die Unterschiede. Begründe die Ergebnisse.

Beobachtungsergebnisse:

Schüler	Brustumfang		Unterschiede
	beim Einatmen	beim Ausatmen	
1			
2			
3			
4			
5			
6			

Begründung:

____

____

3 Benenne die abgebildeten Teile des Atmungssystems.
Gib für die Teile je eine Funktion in Klammern dahinter an.

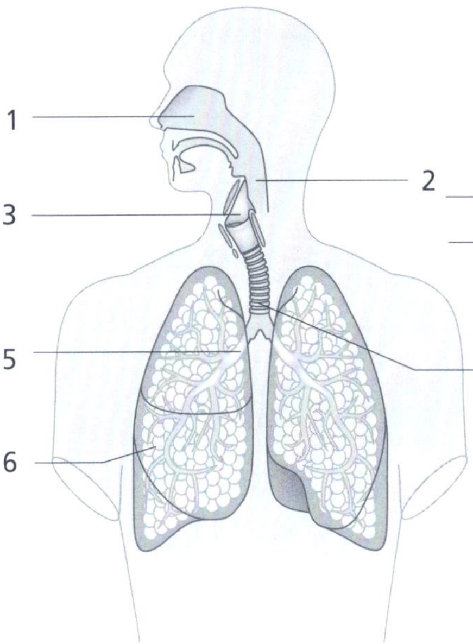

4 Die Atemgase werden in den Lungenbläschen ausgetauscht.

a) Ergänze die Beschriftung der Pfeile mit den entsprechenden Atemgasen.

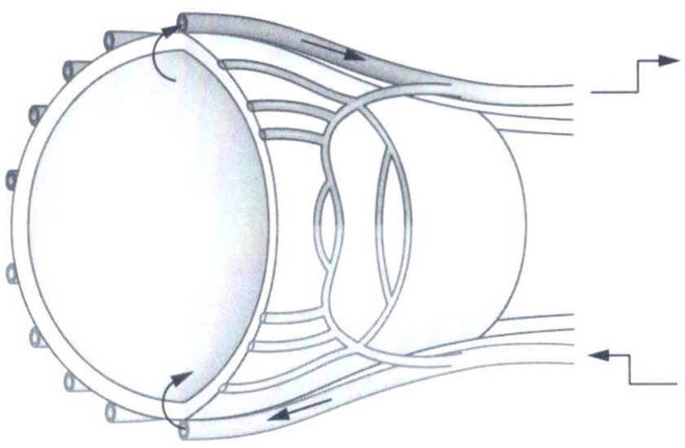

1 Blut, das aus den Lungenbläschen zum Herzen und in den Körper fließt, ist angereichert mit

____

2 Blut, das aus dem Körper zum Herzen und zur Lunge fließt, ist angereichert mit

____

b) Beschreibe und erkläre den Gasaustausch in der Lunge.

5 Man kann mit der eigenen Ausatemluft einem Verunglückten bei Atemstillstand durch Atemspende helfen. Begründe.

6 Die folgenden Darstellungen zeigen einen Zusammenhang zwischen dem Lungenkrebsrisiko und dem Rauchen.

Anzahl der täglich gerauchten Zigaretten	Lungenkrebsrisiko
Nichtraucher (Vergleichswert)	1
bis 10 Zigaretten/Tag	4,6
10 bis 20 Zigaretten/Tag	7,5
21 bis 39 Zigaretten/Tag	13,1
40 und mehr Zigaretten/Tag	16,6

Alter bei Rauchbeginn	Lungenkrebsrisiko
Nichtraucher (Vergleichswert)	1
Rauchbeginn	
– nach dem 25. Lebensjahr	3,2
– zwischen 20. und 24. Lebensjahr	9,7
– zwischen 15. und 19. Lebensjahr	12,8
– vor dem 15. Lebensjahr	15,1

Werte beide Tabellen aus.

7 Schadstoffe im Tabakrauch sind Gefahren für die Gesundheit des Menschen.
Fülle die Tabelle aus.

	Tabakrauch	
	Teer	Nikotin
Aufnahme in den Körper		
Wirkungen im Körper (Beispiele)		
Gefahren für die Gesundheit		

Das Blut und das Herz-Kreislauf-System

1 Benenne die in der Abbildung gekennzeichneten Bestandteile des Blutes.

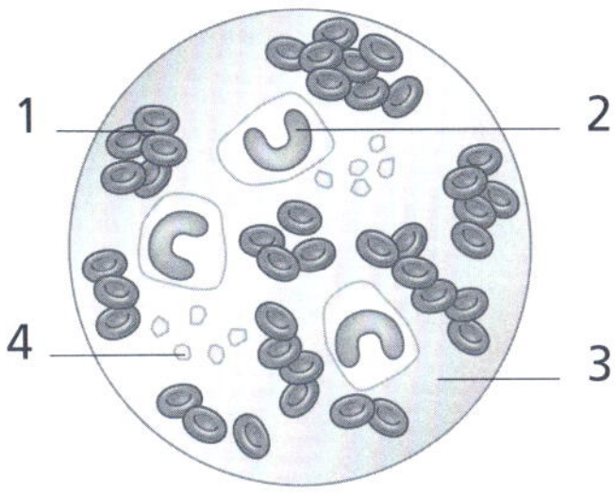

2 Wie unterscheiden sich die festen Bestandteile des Blutes? Vervollständige dazu die Tabelle.

feste Bestand-teile des Blutes	Bau	Funktionen	Bildungsorte	Lebensdauer
rote Blutzellen 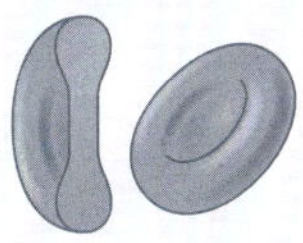				
weiße Blutzellen 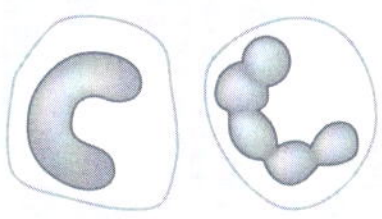				
Blutplättchen 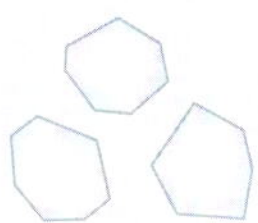				

3 Zwischen den Blutkapillaren und den Körperzellen findet ein Gasaustausch statt. Beschreibe diesen Vorgang.

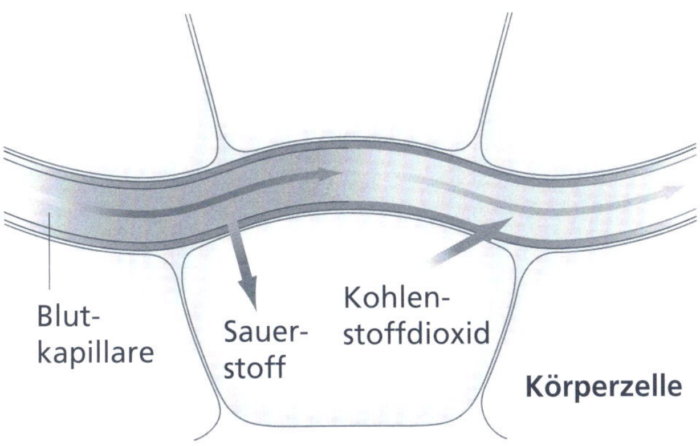

4 Bilde aus den folgenden Silben Wörter und setze diese von 1 bis 6 ein.

blut, blut, blut, blut, e, er, gel, ger, heits, herz, kel, kon, krank, kreis, lauf, len, mus, re, ser, ße, ven, wei, zel

1 ein Tier, das Blut saugt
2 Zellen, die „Killerinstinkte“ besitzen
3 ein Muskel, der eine „Druck- und Saugpumpe“ zugleich ist
4 ein Röhrensystem, in dem sich eine Flüssigkeit ständig im Kreise bewegt
5 Konserviertes, das man nicht essen kann
6 verschiedene winzige Feinde, die uns schaden können

1 ______________________

2 ______________________

3 ______________________

4 ______________________

5 ______________________

6 ______________________

5 Bei der Blutübertragung im AB0-System wird vor allem ein Konzentrat der roten Blutzellen eines Spenders auf einen Empfänger übertragen. Erläutere anhand der Abbildung, was bei einer Blutübertragung zu beachten ist.

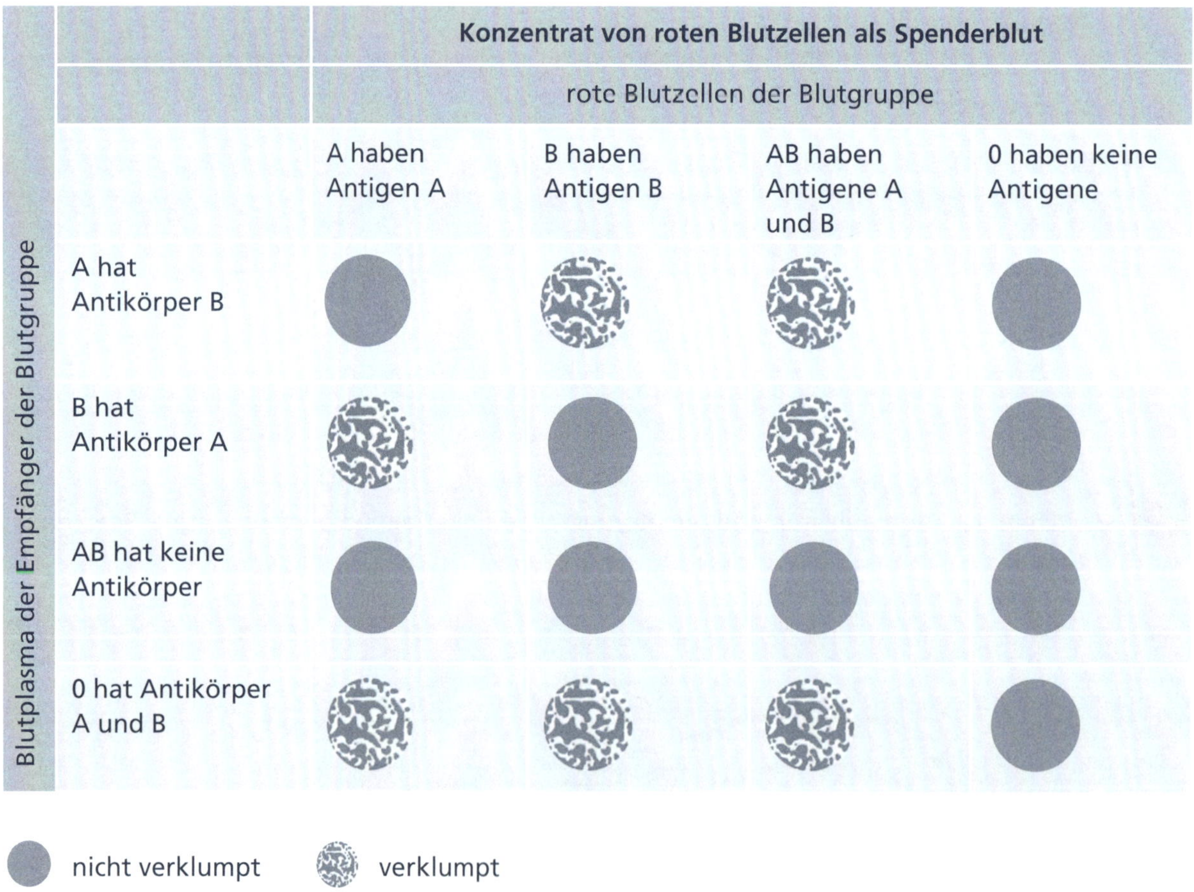

____

____

____

____

6 Beschrifte die in der Abbildung gekennzeichneten Teile des Herzens.

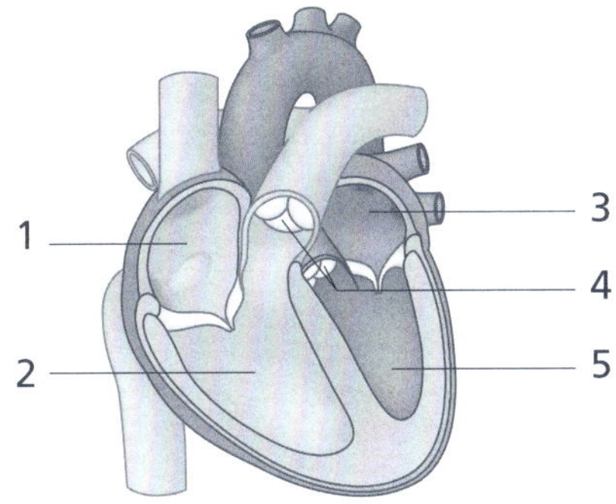

7 Die Tätigkeit des Herzens kann man mit einer Saug-Druck-Pumpe vergleichen. Sie bewirkt das Ansaugen des Blutes zum Herzen, den Transport des Blutes im Herzen und das Ausstoßen des Blutes aus dem Herzen in den Körper bzw. zur Lunge.

Das Zusammenziehen (Kontrahieren) des Herzmuskels erfolgt in einem bestimmten Rhythmus. Beschreibe die Erschlaffung und Kontraktion des Herzmuskels anhand der Abbildungen A bis C.

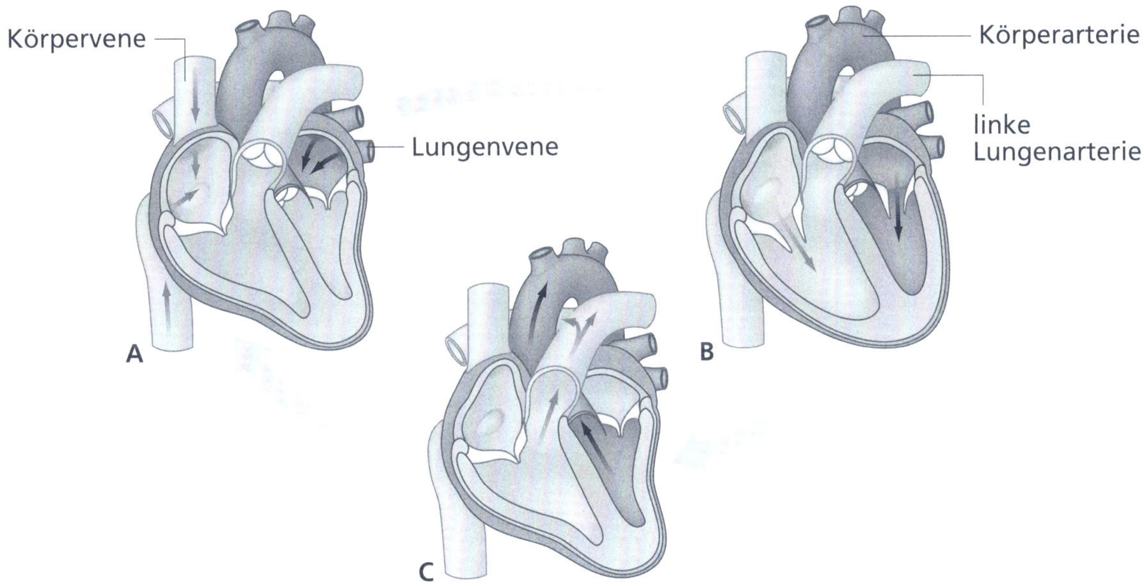

8 Beschreibe den Bau von Arterien, Venen und Kapillaren. Benenne die Funktionen der Blutgefäße.

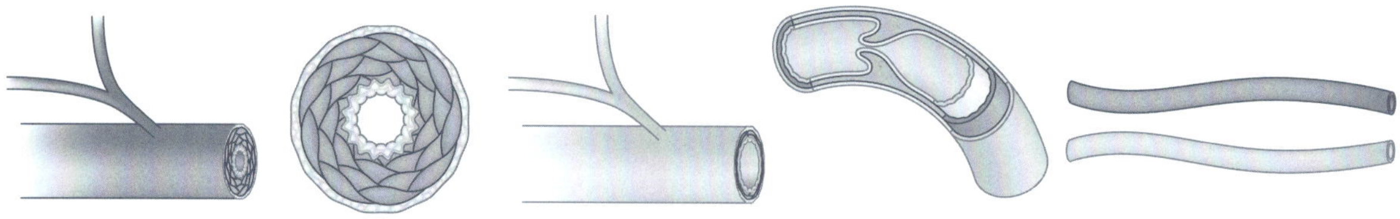

Arterie | Arterie Querschnitt | Vene | Vene Längsschnitt | Kapillaren

9 Taste den Puls am Handgelenk und zähle die Schläge des Pulses sowie die Atemzüge pro Minute in Ruhe und nach Belastung. Trage die Ergebnisse in folgende Tabelle ein.

	bei ruhigem Sitzen	nach langsamen Gehen	nach 15 Kniebeugen
Atemzüge pro Minute			
Puls pro Minute			

Erklärung:

10 Beschrifte die in der Abbildung gekennzeichneten Teile des Blutkreislaufs.
Zeichne die Richtung des Blutstromes in die Abbildung ein.

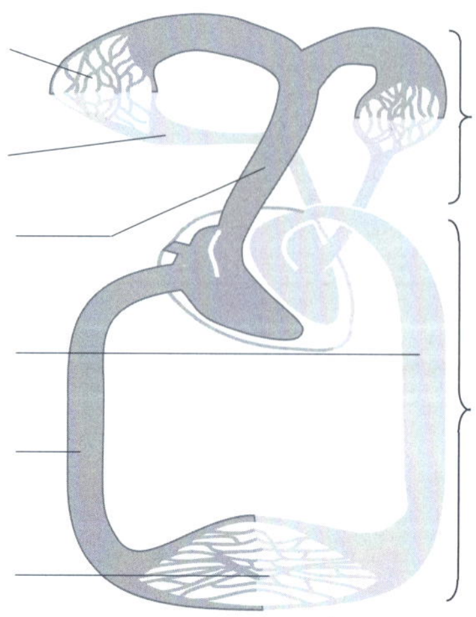

Die Ausscheidungsorgane des Menschen

1 Beschrifte die Abbildung der Harnorgane.

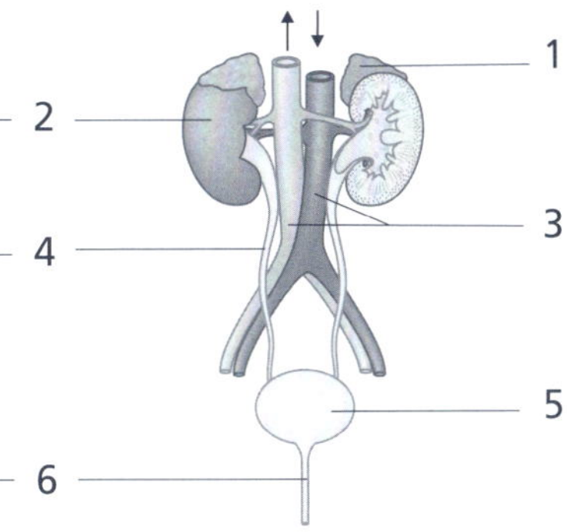

2 a) Beschrifte die Abbildungen der Niere und des Nierenkörperchens.

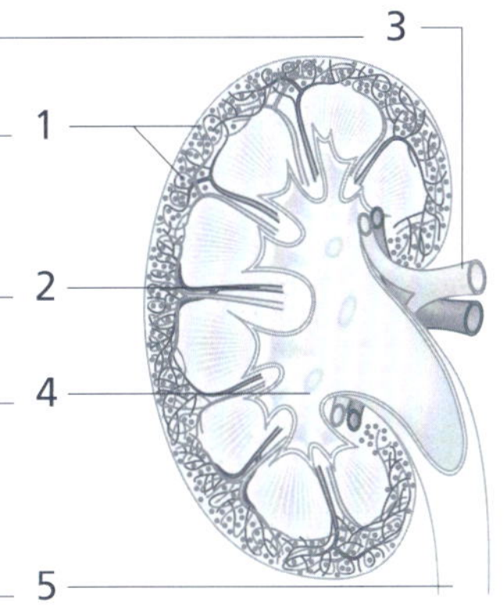

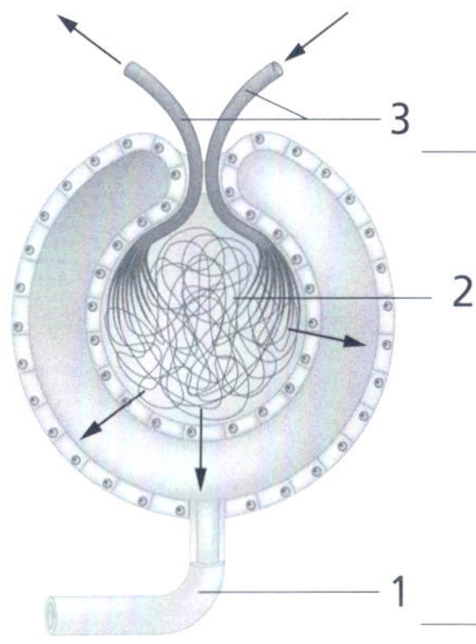

b) Beschreibe die Harnbildung.

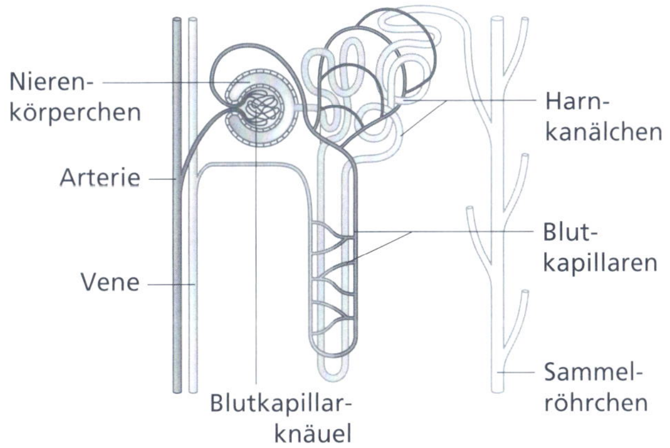

4 a) Benenne die in der Abbildung gekennzeichneten Teile der Haut.

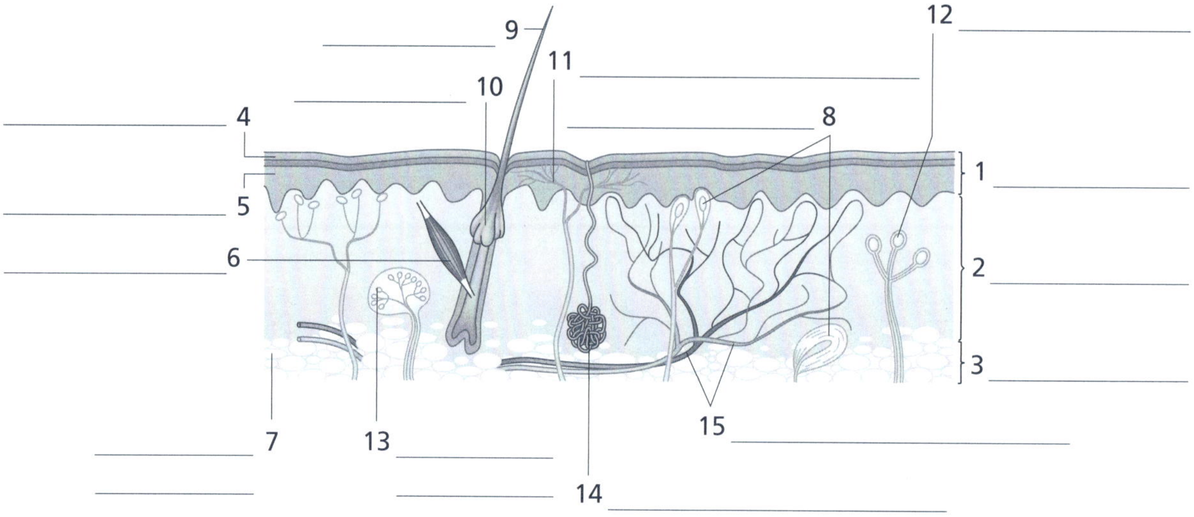

b) Vergleiche Bau und Funktionen von 14 und 10. Fertige eine Tabelle an.

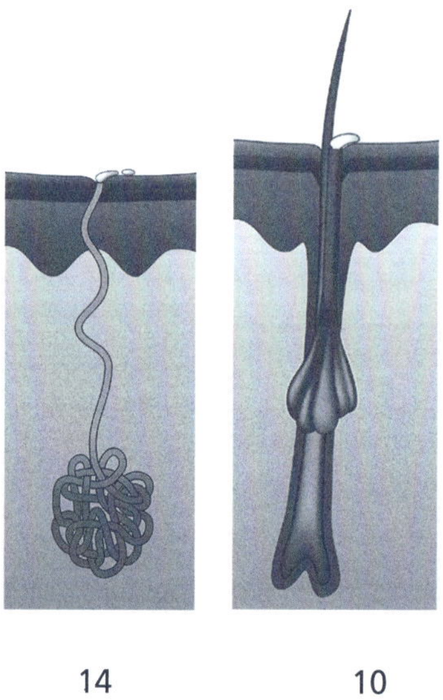

5 Vergleiche die Organe mit ausscheidender Funktion.

Vergleich	Lunge	Niere	Haut
Gemeinsamkeiten:			
Unterschiede:			
Ausgeschiedene Stoffgemische			
Bestandteile der Stoffgemische			

Zusammenwirken von Organsystemen

1 Bei der Ausführung von Stoff- und Energiewechselvorgängen im Körper des Menschen wirken Zellen, Gewebe und Organe zusammen.
a) Benenne die Vorgänge (A, B, C, D, E). Ergänze die Funktionen der Zelle und der Organsysteme.
b) Nenne die Bestandteile von Harn, Schweiß und Ausatemluft.

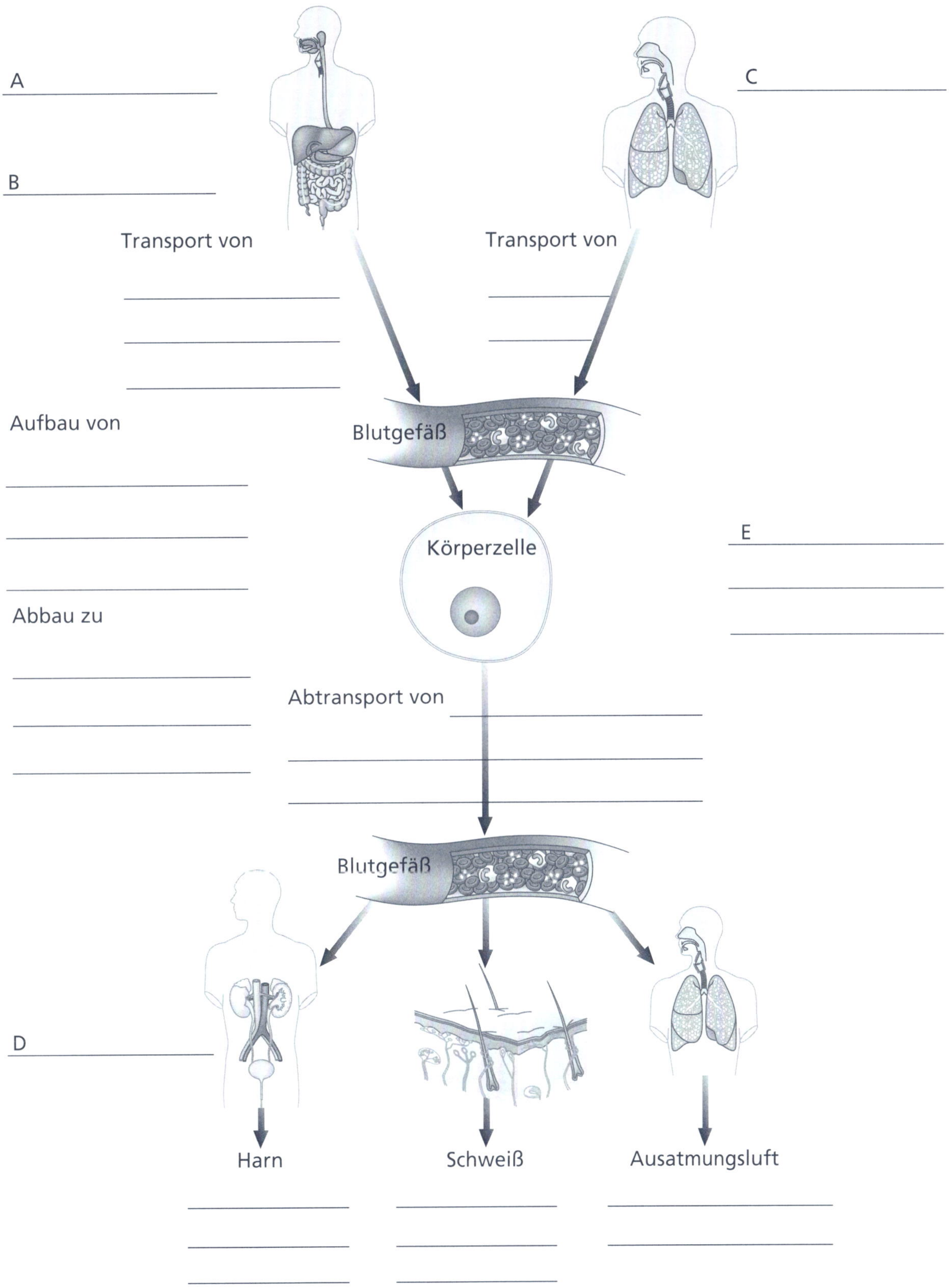

Gesunderhaltung des Menschen

Infektionskrankheiten des Menschen

1 a) Informiere dich über die Erreger folgender Infektionskrankheiten in einem Nachschlagewerk bzw. im Internet: Lungenentzündung, Malaria, Grippe, Röteln, Cholera, Wundstarrkrampf, Tuberkulose, Aids, Amöbenruhr und Kinderlähmung. Ordne die genannten Krankheiten in das Schema ein.

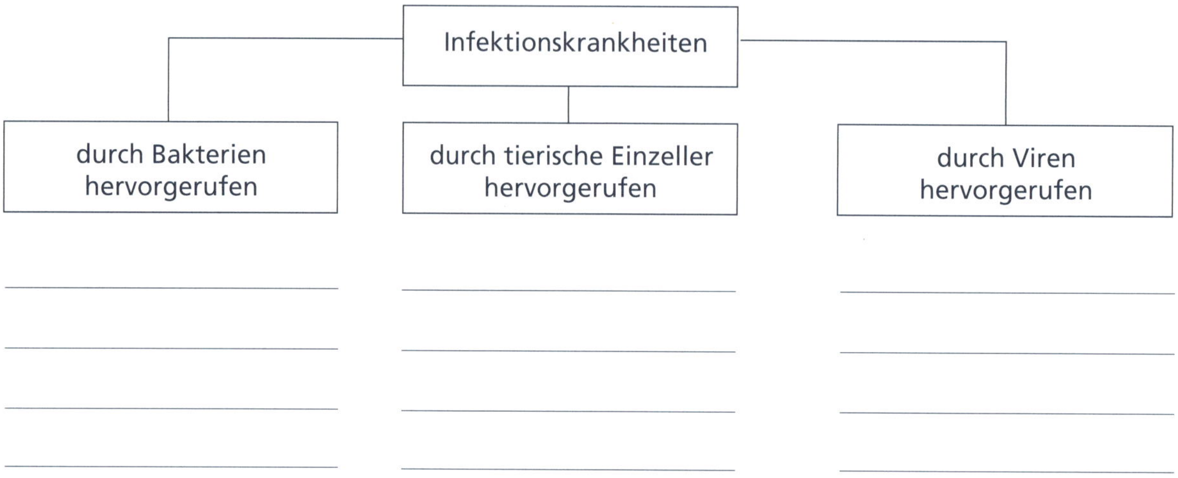

2 Für den Verlauf von Infektionskrankheiten sind folgende Phasen bedeutsam: Immunität, Infektion, Ausbruch der Krankheit, Inkubationszeit. Stelle die Begriffe im Zusammenhang dar und erläutere sie.

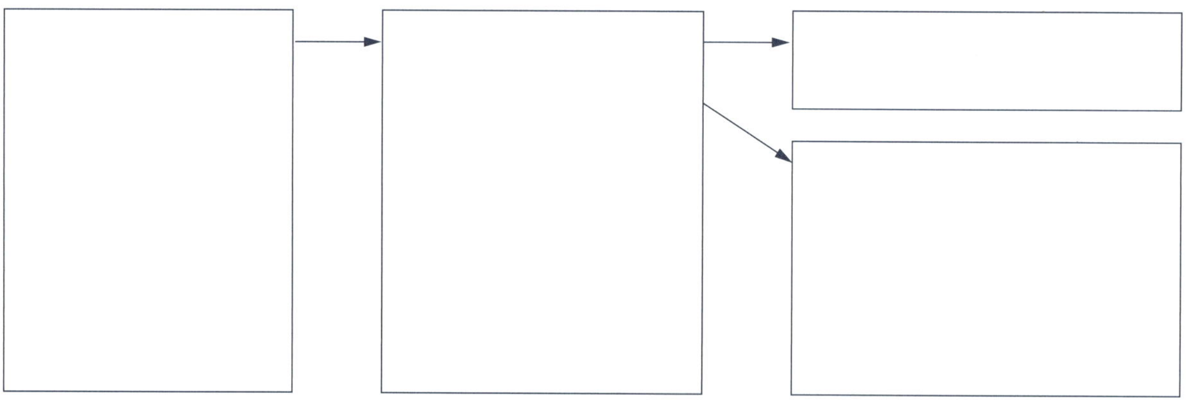

3 Infektionskrankheiten werden durch lebende Erreger hervorgerufen. Nenne Möglichkeiten, wie diese Erreger übertragen werden können. Ziehe Schlussfolgerungen zur Vermeidung der Übertragung.

4 a) Die Abbildung stellt einen Grippevirus dar. Beschrifte die Bestandteile.

1 ______________

2 ______________

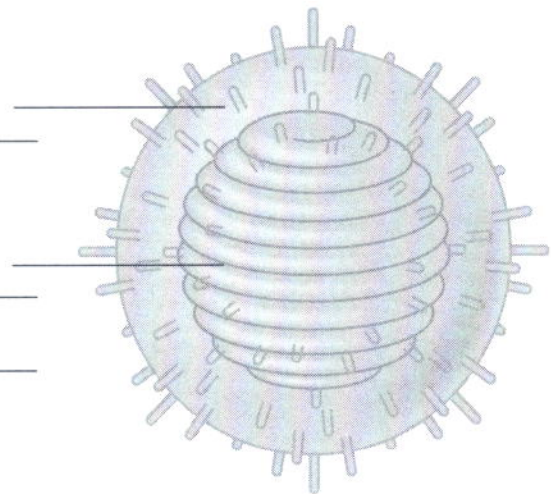

b) Begründe, warum Viren keine echte Lebewesen sind.

5 Nenne typische Anzeichen für eine Grippeerkrankung.

6 a) Jährlich erkranken Menschen an Grippe. Beschreibe anhand der Abbildung den Verlauf der Infektion mit Grippeviren.

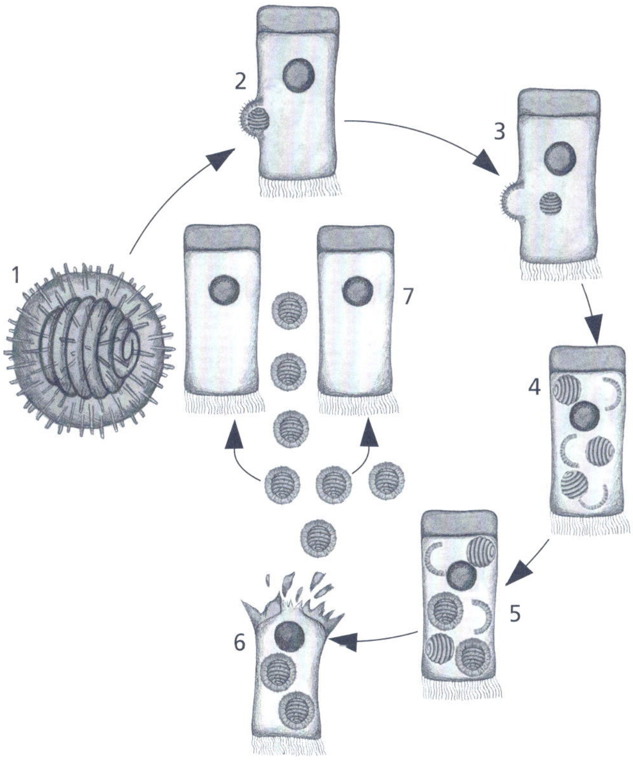

b) An Grippe erkrankte Menschen können nicht mit Antibiotika behandelt werden. Erkläre.

7 In den letzten Jahren breitet sich die Infektionskrankheit Aids seuchenhaft aus.

a) Erläutere, warum diese Krankheit so lebensgefährlich ist.

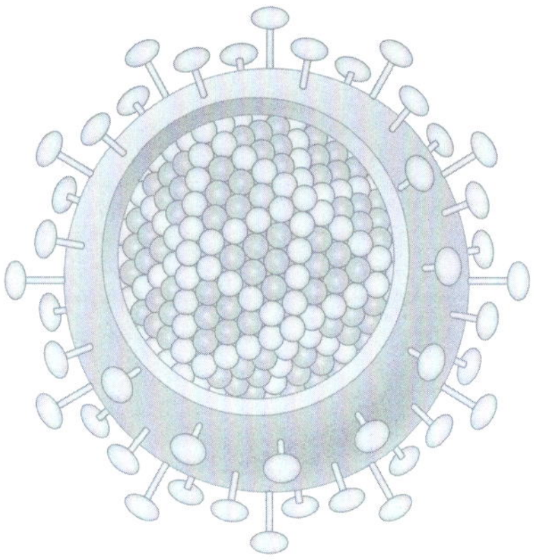

b) Nenne Möglichkeiten, wie man sich vor einer Aids-Infektion vorbeugend schützen kann.

8 Kreuze an, welche der folgenden Vorgänge zur Infektion mit HIV führen können.

	ja	nein		ja	nein
1. Händedruck, Umarmung	☐	☐	9. Zungenküsse bei intakter Mundschleimhaut	☐	☐
2. Wangenkuss	☐	☐	10. gemeinsamer Schwimmbadbesuch	☐	☐
3. gemeinsames Benutzen von Geschirr	☐	☐	11. Sexualkontakte, z. B: ungeschützter Geschlechtsverkehr	☐	☐
4. Austausch von Wäsche und Kleidung	☐	☐	12. gemeinsames Benutzen von Injektionsnadeln beim Fixen	☐	☐
5. Insektenstiche	☐	☐	13. Zusammenleben mit HIV-Infizierten oder Aids-Kranken	☐	☐
6. von der Mutter zum Kind (im Mutterleib, bei der Geburt, beim Stillen)	☐	☐	14. mit einem HIV-infizierten Kind zusammen spielen	☐	☐
7. gemeinsames Benutzen von Toiletten und Waschräumen	☐	☐	15. gemeinsamer Schulbesuch	☐	☐
8. Anniesen, Anhusten oder Anspucken	☐	☐	16. Blutübertragung	☐	☐

Immunität und Immunisierung

1 Das menschliche Immunsystem setzt sich aus verschiedenen Organen zusammen. Benenne die Organe des Immunsystems.

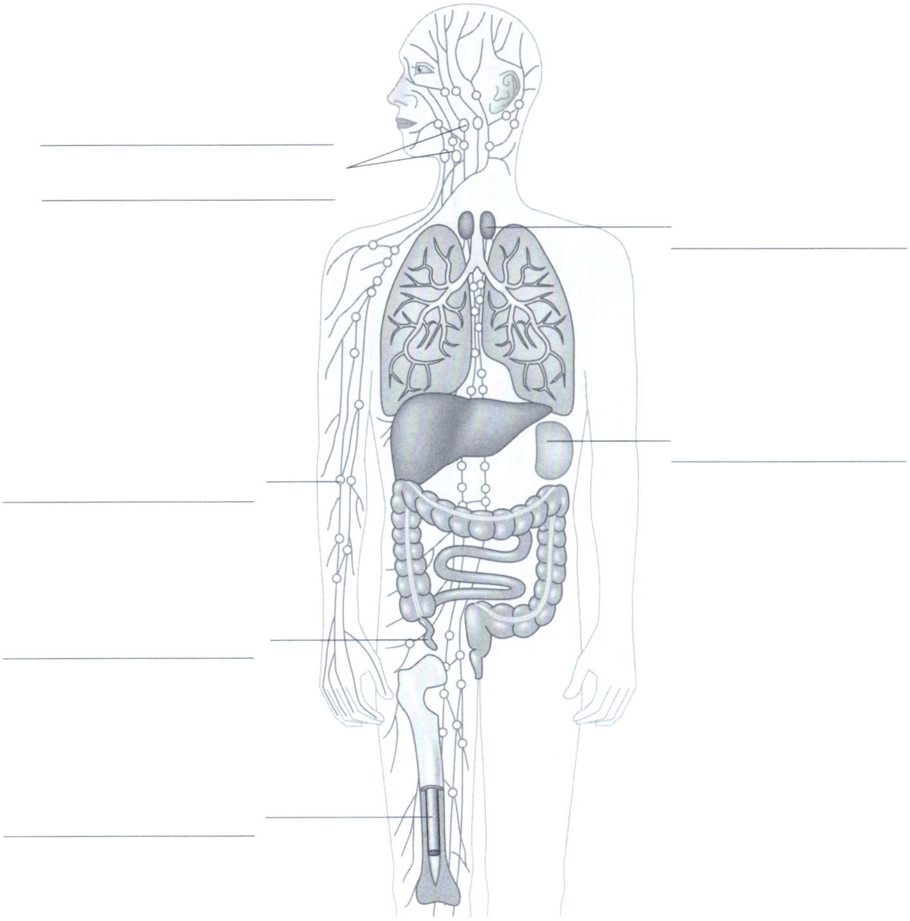

2 Erläutere die Begriffe natürliche und erworbene Immunität.
Natürliche Immunität:

Erworbene Immunität:

Drogen und Süchte

1 Die Abbildung veranschaulicht die Entstehung der Abhängigkeit von Drogen. Beschreibe die Stationen dieses „Teufelskreises".

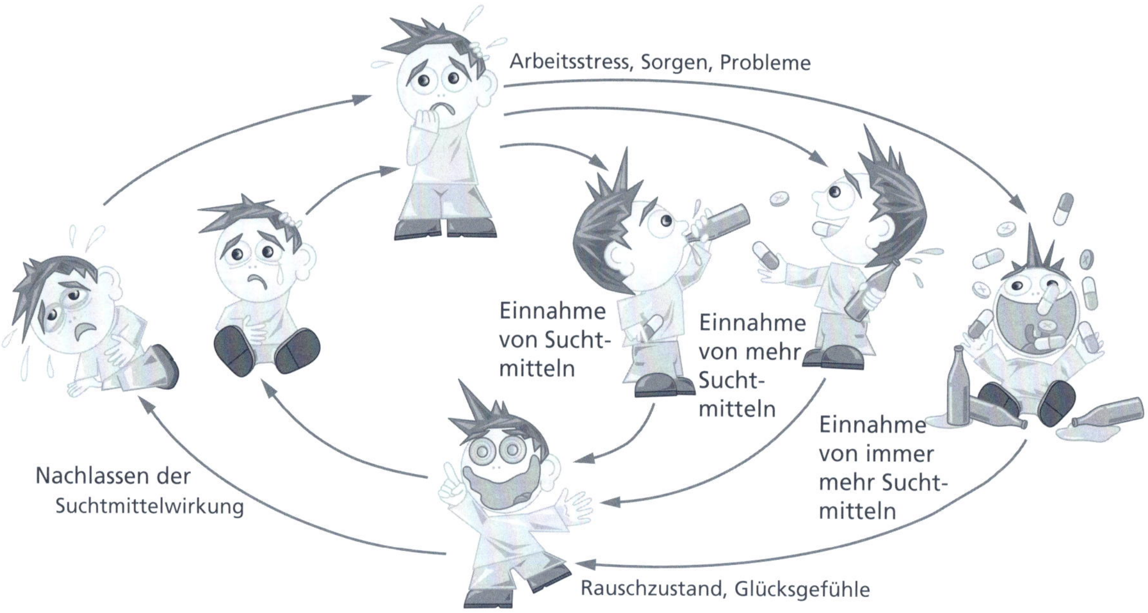

2 Drogen und Genussmittel gefährden die Gesundheit des Menschen. Vervollständige die Tabelle. Informiere dich auch im Internet.

	Alkohol	Nikotin	Haschisch	Heroin
Wirkungen im Körper (Beispiele)				
Gefahren für die Gesundheit				

Lebensprozesse in der Umwelt des Menschen

Ökosysteme

1 Erläutere folgende Begriffe.

Lebensraum (Biotop): ______________________________

____

____

Lebensgemeinschaft (Biozönose): ______________________________

____

____

Ökosystem: ______________________________

____

____

2 Nenne abiotische und biotische Umweltfaktoren, die in einem Ökosystem wirken. Ergänze die Abbildung.

3 Gib die Toleranzbereiche der abgebildeten Pflanzen gegenüber dem Umweltfaktor Licht an. Ziehe daraus Schlussfolgerungen für die Standorte der beiden Pflanzen.

Toleranzbereiche gegenüber dem Lichtfaktor (Flachland)

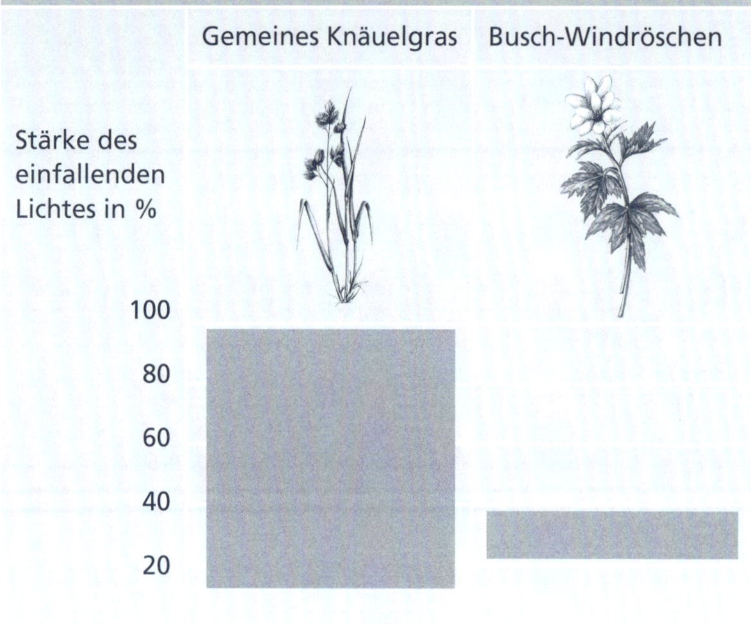

4 Die Preiselbeere und das Heidekraut gedeihen auf sauren Böden, die Große Brennnessel und der Bärenklau bevorzugen stickstoffreiche Böden, den Meersenf und den Meerkohl findest du auf salzreichen Böden.

a) Finde den Fachbegriff für Pflanzen mit solchen speziellen Ansprüchen.

b) Erläutere an weiteren Beispielen, welche ökologische Bedeutung solche Pflanzen haben. Nutze auch Fachbücher oder das Internet.

5 a) Bestimme in der vorliegenden Darstellung des Wald-Ziests das Minimum, Optimum und Maximum.

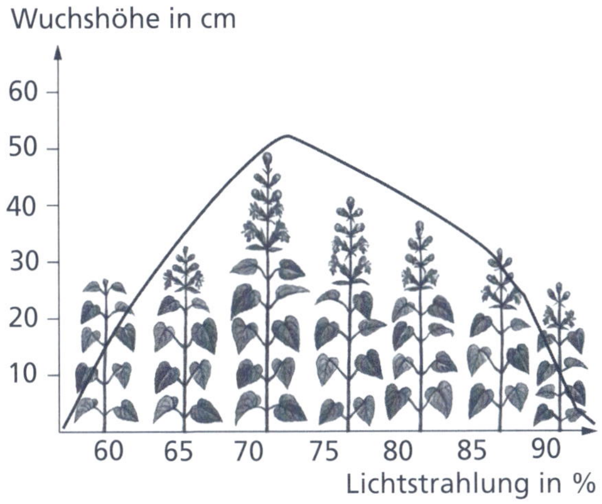

b) Beschreibe das Erscheinungsbild des Wald-ziests im Minimum-, Optimum- und Maximum-bereich. Nenne die Ursache für die Unterschiede.

6 Folgende Werte zeigen das tägliche Wachstum von Gurkenpflanzen bei unterschiedlichen Temperaturen:

10 °C = 0 mm je Tag
15 °C = 4 mm je Tag
20 °C = 10 mm je Tag
25 °C = 10 mm je Tag
30 °C = 8 mm je Tag
35 °C = 4 mm je Tag
40 °C = 0 mm je Tag

a) Stelle in einem Koordinatensystem die Temperatur-Optimum-Kurve grafisch dar.
Trage die Temperatur auf der Abszissenachse ab.
Kennzeichne das Minimum, Maximum und das Optimum.

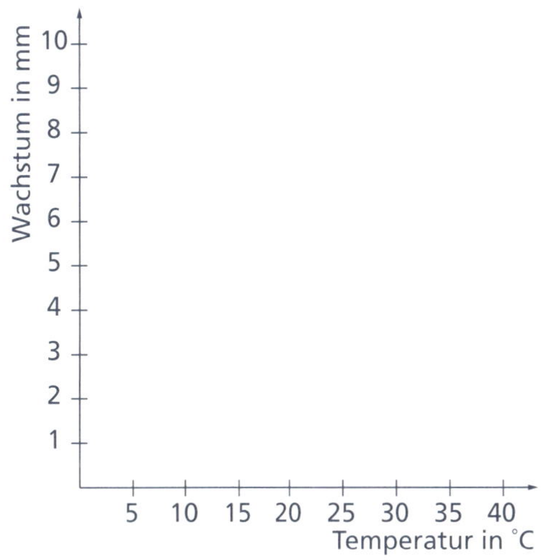

b) Leite aus der Optimumskurve eine Schlussfolgerung für die günstigste Entwicklung von Gurkenpflanzen in Gewächshäusern ab.

7 Abiotische Faktoren beeinflussen Aktivität und Verhalten von waldbewohnenden Tieren. Erläutere diesen Sachverhalt an den abgebildeten Tieren.

tagaktives Tier

nachtaktives Tier

Winterruher

8 Löse das Rätsel.
Gesucht werden 12 Umweltfaktoren, die auf ein Lebewesen einwirken. Kennzeichne die abiotischen und biotischen Faktoren mit unterschiedlicher Farbe.

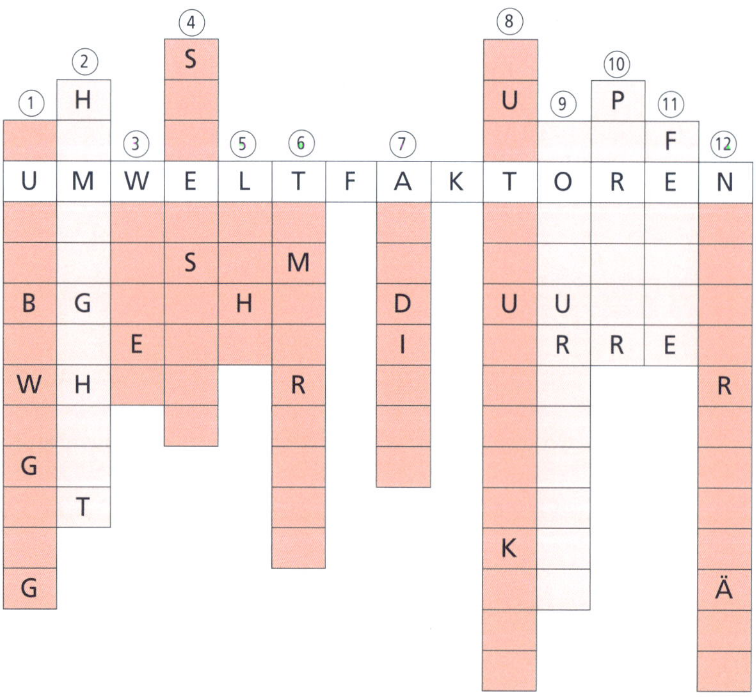

abiotische Faktoren

biotische Faktoren

Azidität = Stärke der Säure
(Ä = Ä)

9 In einem Ökosystem bestehen zwischen artverschiedenen und artgleichen Lebewesen vielfältige Beziehungen. Erläutere kurz die Beziehungen und nenne Beispiele.

Beziehungen zwischen Lebewesen im Ökosystem

Brutfürsorge/Brutpflege

Räuber – Beute

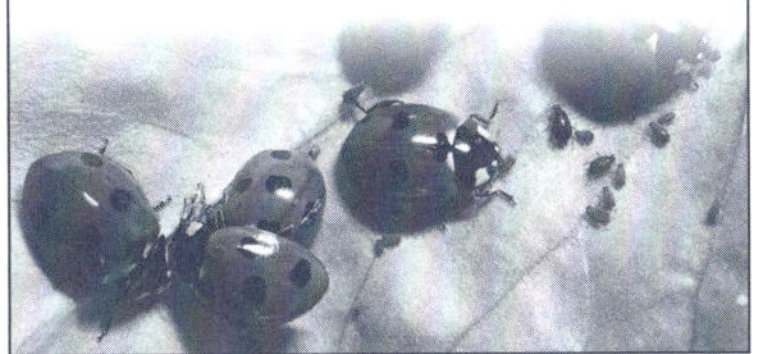

Konkurrenz

Symbiose

Kommensalismus

Parasitismus

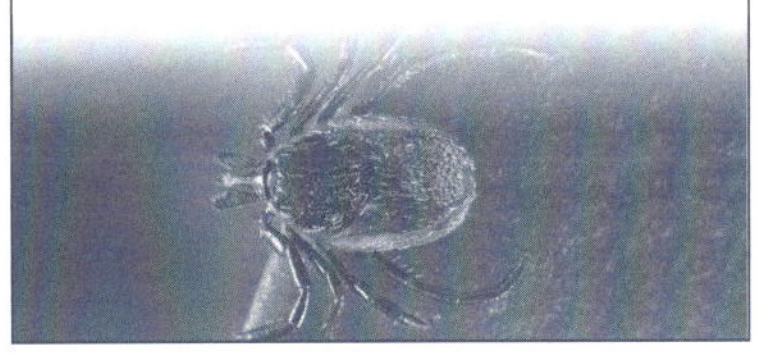

10 Zwischen Pflanzen und Tieren bestehen zahlreiche Wechselbeziehungen. Gib an, welche Beziehungen die Abbildungen darstellen.

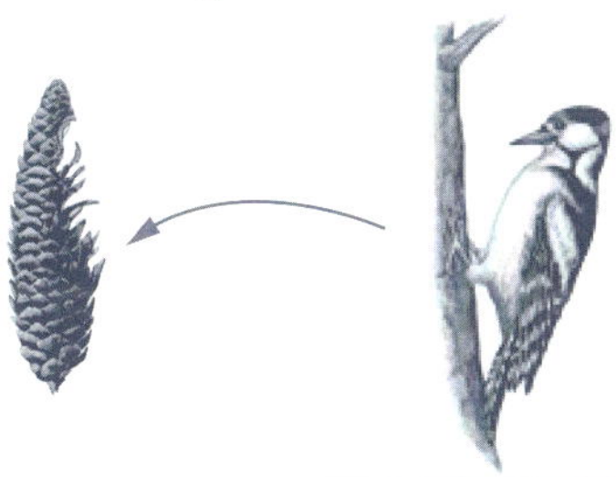

1 ______________________

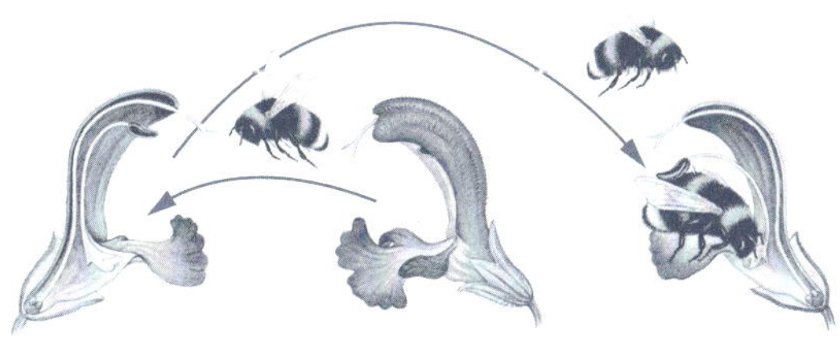

2 ______________________

3 ______________________

11 Erläutere die Räuber-Beute-Beziehung an dem Zusammenleben von Wasserflöhen und Guppys in einem Aquarium.

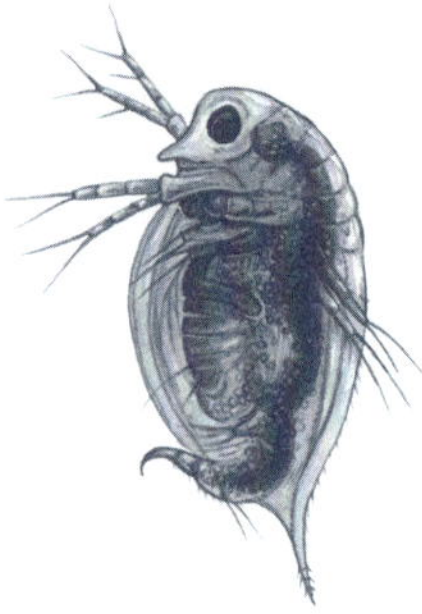

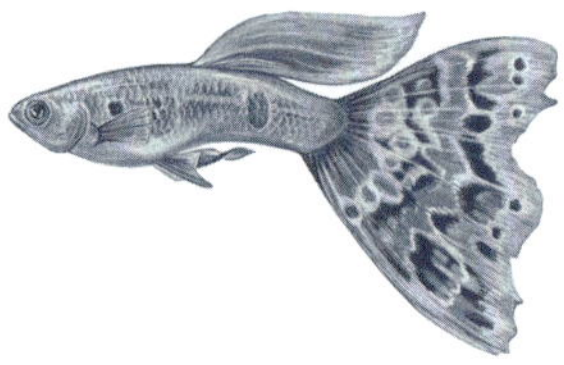

12 Die Symbiose ist ein enges Zusammenleben von zwei artverschiedenen Organismen. Manche Pilze leben mit den Wurzeln von Bäumen zusammen und bilden eine Mykorrhiza. Beschreibe das ernährungsbedingte Zusammenleben.

13 Das Zusammenleben von Organismen verschiedener Arten kann in Form von Parasitismus erfolgen. Beschreibe diesen Sachverhalt anhand der abgebildeten Holzwespenarten.

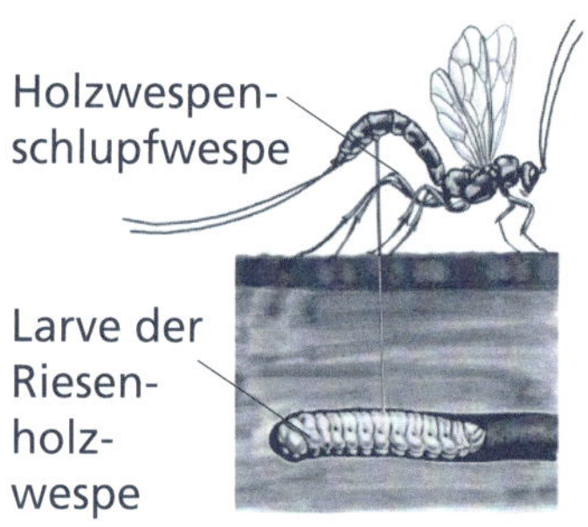

14 Die Hecke ist ein Lebensraum für viele Tiere.

a) Trage die unten stehenden Organismen in die entsprechenden Kästchen der Zeichnung ein: Neuntöter, Haselmaus, Regenwurm, Weinbergschnecke, Waldohreule, Wacholderdrossel, Samen, Erdkröte, Feldmaus, Zauneidechse, Pfauenauge, Ameise.

b) Kennzeichne durch Pfeile Nahrungsketten.

15 Im Wald sind verschiedene Nahrungsketten zum Nahrungsnetz miteinander verknüpft.
Wer frisst wen? Zeichne Nahrungsbeziehungen so durch Pfeile ein, dass ein Nahrungsnetz entsteht.

16 In einem See bestehen vielfältige Nahrungsbeziehungen.
Wer frisst wen? Zeichne Nahrungsbeziehungen durch Pfeile ein.

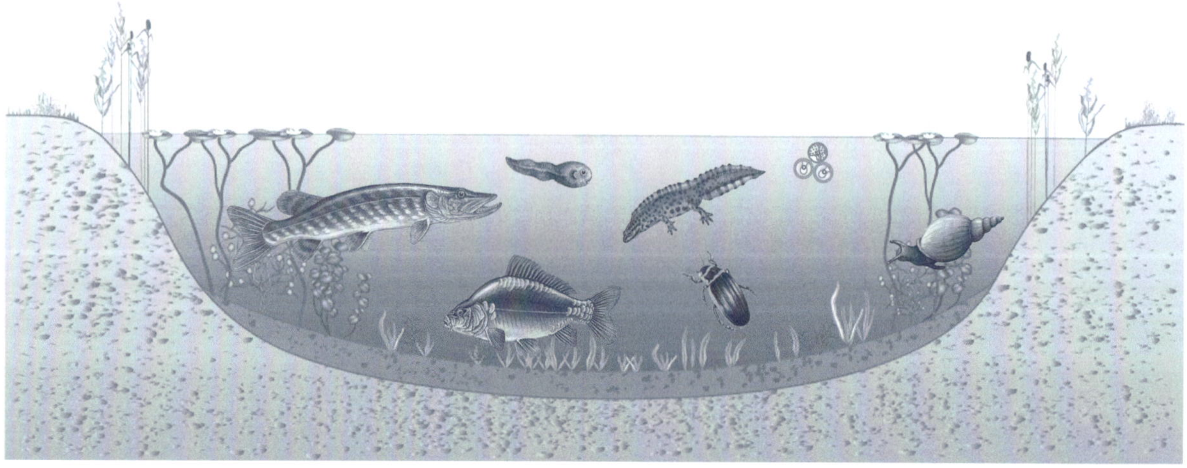

17 a) Ordne die Begriffe Erzeuger (Produzenten), Verbraucher (Konsumenten) und Zersetzer (Destruenten) in das Kreislaufschema ein. Ordne Organismengruppen zu.

b) Beschreibe den Stoffkreislauf mithilfe des Schemas.

18 Das Gleichgewicht in einem Ökosystem wird u. a. durch das Zusammenleben von Organismen bewirkt. Beschreibe das in einem Kreisdiagramm dargestellte biologische Gleichgewicht von Borkenkäfer (Beutetier) und Specht (Räuber).

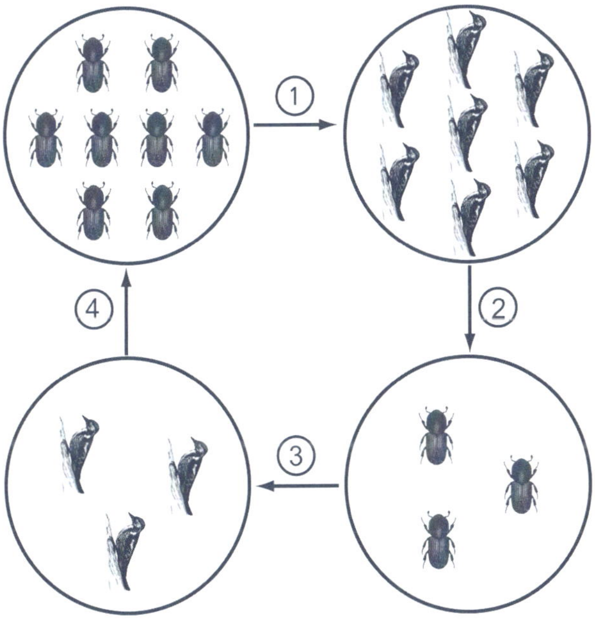

Vielfalt der grünen Pflanzen

1 a) Gib an, in welche Gruppe du die abgebildete Pflanze einordnest.

b) Beschrifte die gekennzeichneten Teile.

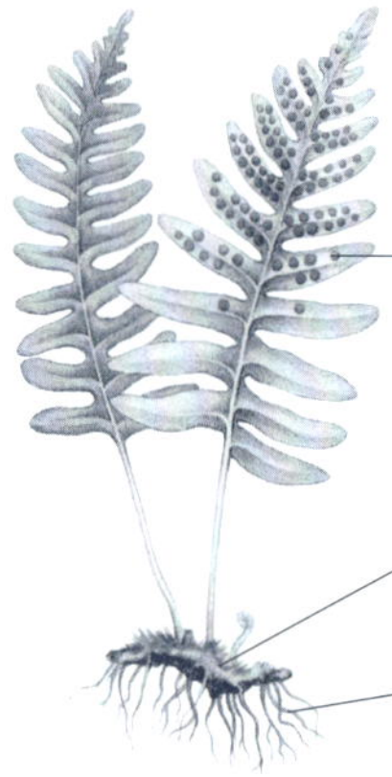

Pflanzengruppe:

c) Gib die Funktion der gekennzeichneten Teile der Pflanze an.

2 Ordne die abgebildete Pflanze ein. Beschrifte die gekennzeichneten Teile.

Pflanzengruppe:

3 Erläutere, welche Bedeutung folgende Erscheinungen für die Moospflanzen haben.
- In einem Moospolster stehen viele Pflanzen dicht nebeneinander.
- Die Moosblättchen können sich einrollen.

4 Weise die Wasseraufnahme bei Moospflanzen im Vergleich zu Maiskeimpflanzen nach.

Materialien:
zwei Moospflänzchen (welk), zwei Maispflänzchen (welk);
Wasser, Reagenzglasständer, vier Reagenzgläser

Durchführung:
1. Lasse zwei Maiskeimpflanzen und zwei Moospflanzen (z. B. Polytrichum) leicht anwelken. Bringe die vier Pflanzen wie folgt in vier mit Wasser gefüllten Reagenzgläsern (a)–(d) unter.
   (a) Maiskeimling mit Wurzel ins Wasser, Spross außerhalb des Wassers
   (b) Maiskeimling mit Spross ins Wasser, Wurzel außerhalb des Wassers
   (c) Moospflanze mit Rhizoiden ins Wasser, Stämmchen außerhalb des Wassers
   (d) Moospflanze mit Stämmchen ins Wasser, mit Rhizoiden außerhalb des Wassers
2. Nimm nach etwa 30 Minuten die Pflanzen aus dem Wasser und überprüfe ihren Zustand.

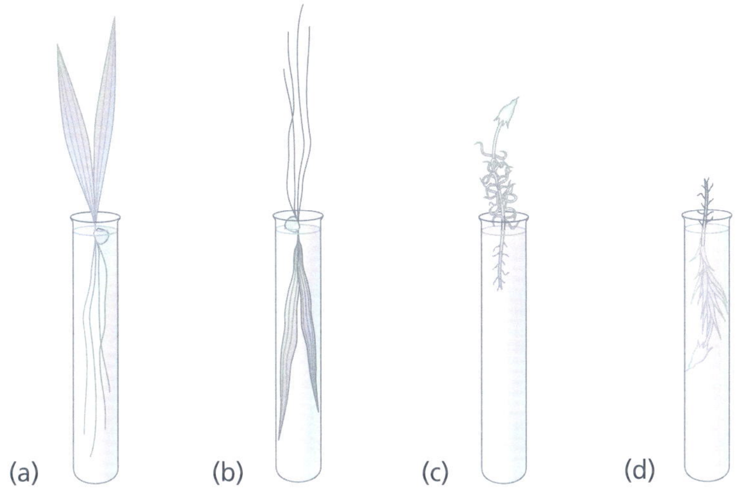

Beobachtungsergebnisse:

Pflanzen	Reagenzgläser	Beobachtungen	wasseraufnehmende Organe
Maiskeim-pflanze	(a)		
	(b)		
Moos	(c)		
	(d)		

Auswertung:

5 Die Pflanzen sind durch eine große Formenvielfalt gekennzeichnet. Jede Pflanzengruppe besitzt charakteristische Merkmale. Vervollständige die Tabelle.

Pflanzengruppen	Merkmale
Moospflanzen	
Farnpflanzen	
Samenpflanzen	
Nacktsamer	
Bedecktsamer	
Algen	

6 Ergänze die Abbildung zum Bau einer Samenpflanze.

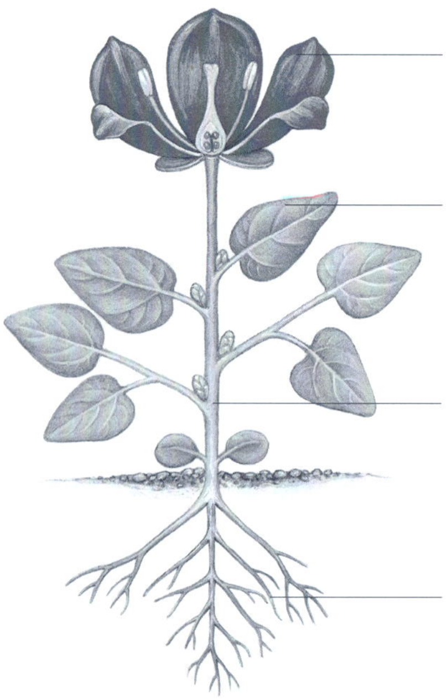

a) Teile der Samenpflanze	b) Funktion der Teile
1 ______	1 ______
2 ______	2 ______
3 ______	3 ______
4 ______	4 ______

7 Benenne die Laubbäume bzw. Sträucher.

1 ______________________

2 ______________________

3 ______________________

4 ______________________

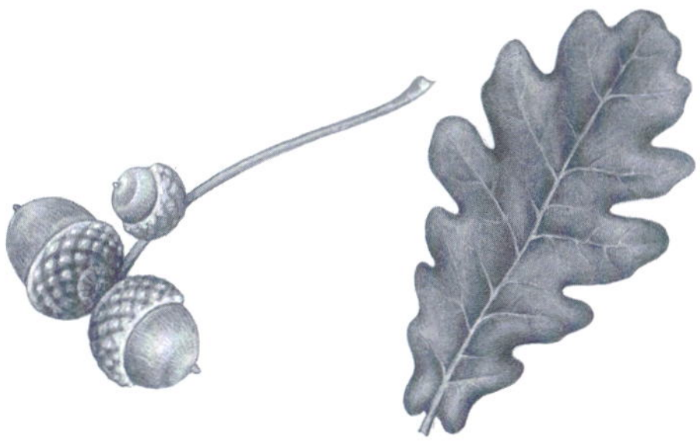

5 ______________________

6 ______________________

8 Benenne die Nadelbäume.

1 ______________________

2 ______________________

3 ______________________

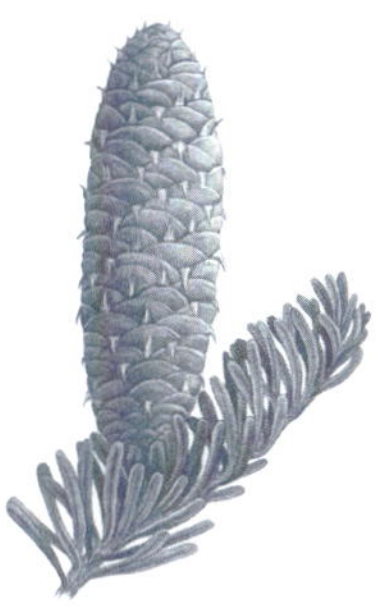

4 ______________________

5 ______________________

6 ______________________

9 Kennst du die abgebildeten Pflanzen? Benenne sie.

1 ____________

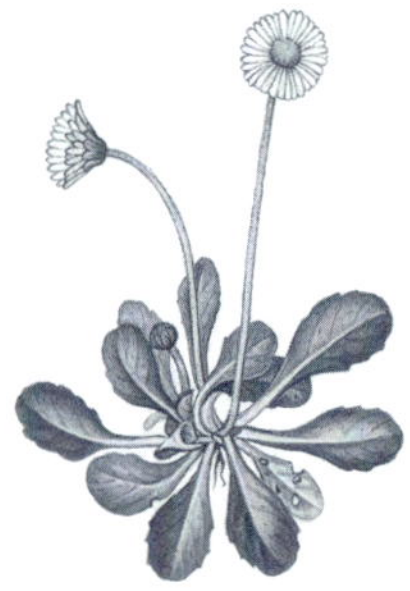

2 ____________

3 ____________

4 ____________

5 ____________

6 ____________

7 ____________

8 ____________

10 Trage die Namen der Bäume bzw. Sträucher, von denen die Früchte bzw. Samen abgebildet sind, in die Kästchen ein. Die Buchstaben in den roten Kästchen ergeben zwei große Gruppen von Samenpflanzen. Finde die beiden Lösungsworte.

(ae statt ä)

Organe der Samenpflanzen

1 Die Wurzeln einer Pflanze bilden ein Wurzelsystem.
a) Benenne die Teile einer Wurzel.

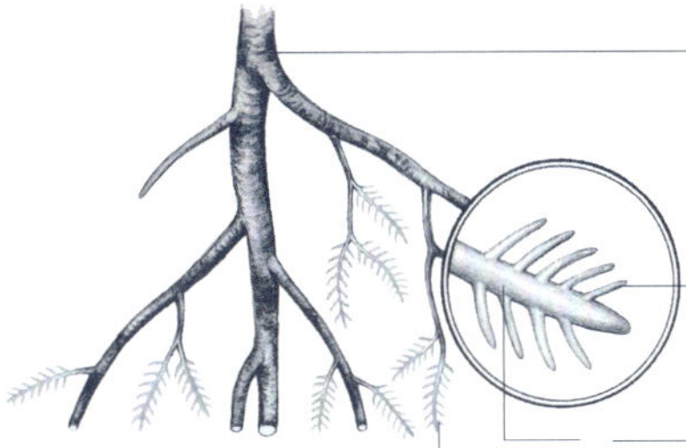

b) Benenne die unterschiedlichen Wurzelsysteme.

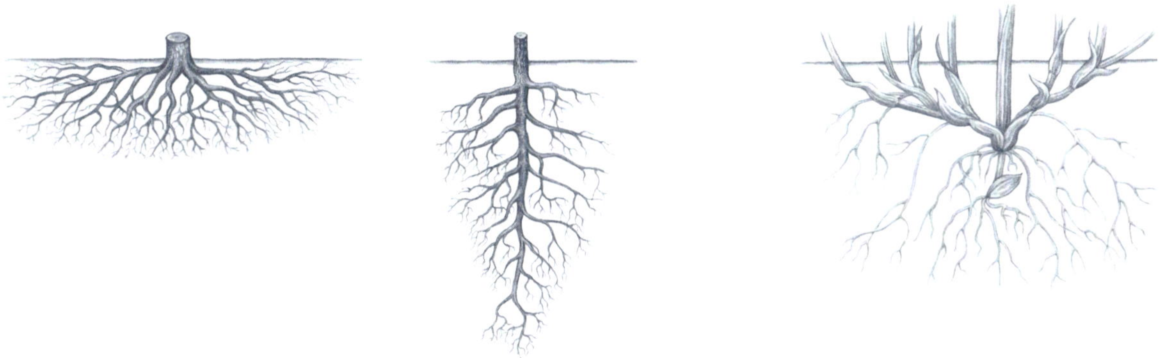

Beispiel:

Beispiel:

Beispiel:

2 Beschrifte die in den Abbildungen gekennzeichneten Teile der Wurzel und gib deren Funktion in Klammern dahinter an.

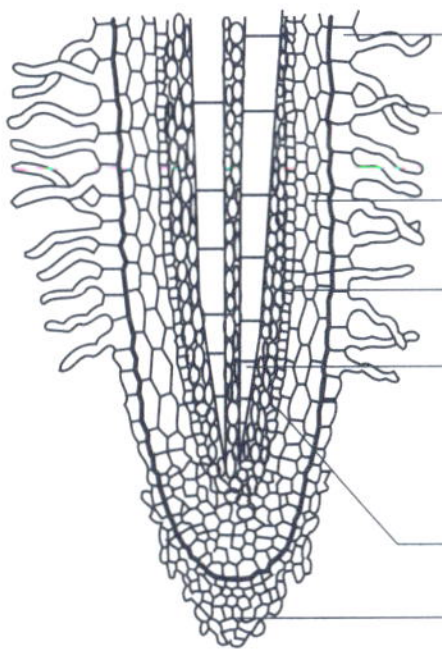

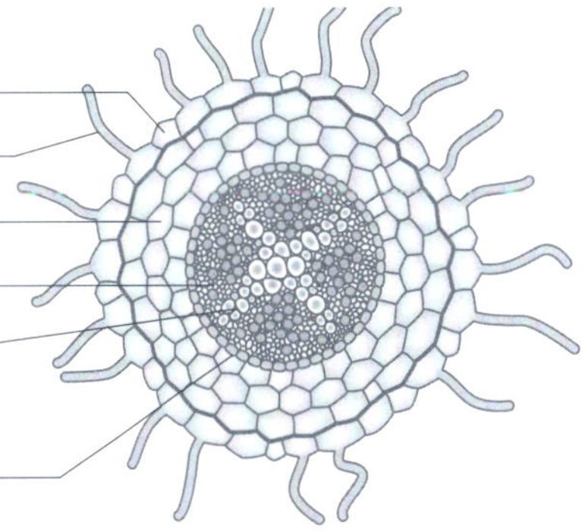

3 Benenne die gekennzeichneten Teile der abgebildeten Wurzelhaarzelle.

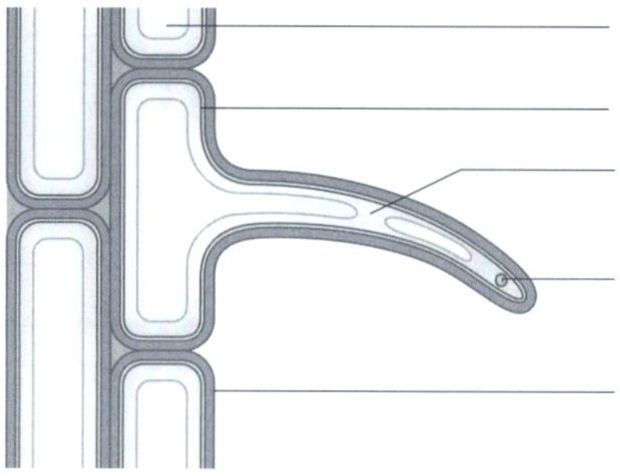

4 Erkläre den Vorgang der Wasseraufnahme über die Wurzelhaarzellen.

5 Die Aufnahme und Leitung des Wassers wird durch physikalische Vorgänge bewirkt.
Verfolge mithilfe der Abbildung die Wege des Wassers und trage die zugrunde liegenden physikalischen Vorgänge in die Tabelle ein.

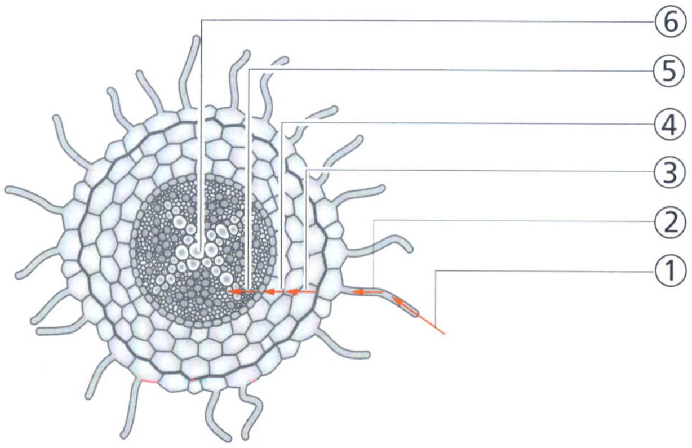

Weg des Wassers	Physikalische Vorgänge
① aus dem Boden in die Wurzelhaarzelle	
② innerhalb der Wurzelhaarzelle	
③ von Zelle zu Zelle in der Rinde	
④ innerhalb der Rindenzelle	
⑤ von der Rindenzelle in den Zentralzylinder und bis zu den Leitbündeln	
⑥ in den Gefäßen des Leitbündels (Aufwärtsleitung)	

6 a) Benenne die in der nachfolgenden Abbildung gekennzeichneten Teile einer Sprossachse (Stängel).

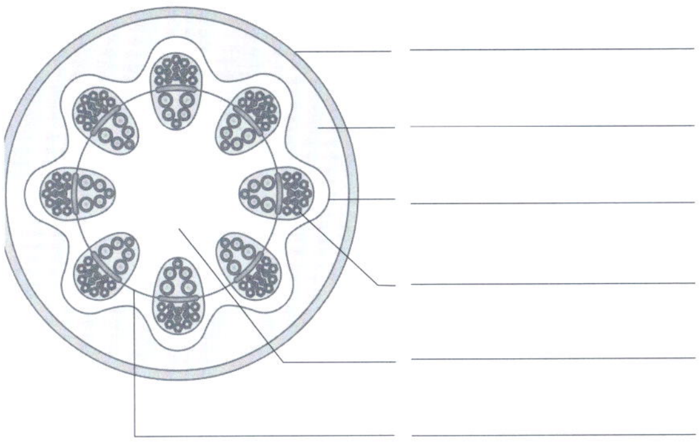

b) Betrachte mithilfe des Mikroskops den Querschnitt eines Stängels (Dauerpräparat). Zeichne einen Ausschnitt und beschrifte ihn. Vergleiche das mikroskopische Bild mit der Abbildung von Aufgabenteil a.

7 Benenne die in der nachfolgenden Abbildung gekennzeichneten Teile eines Leitbündels. Gib die Funktion der Teile in Klammern dahinter an.

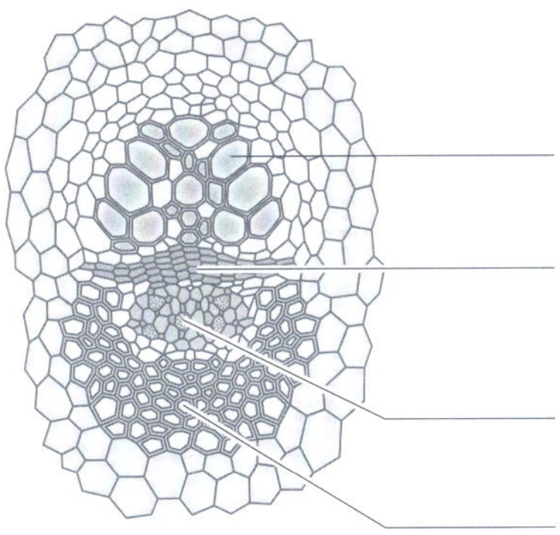

8 a) Vergleiche die vorgegebenen Abbildungen von Sprossquerschnitten.

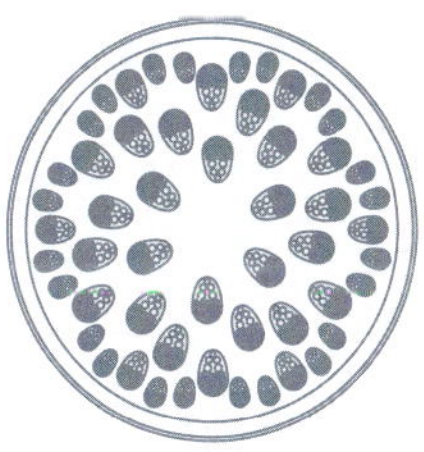 Abb. 1 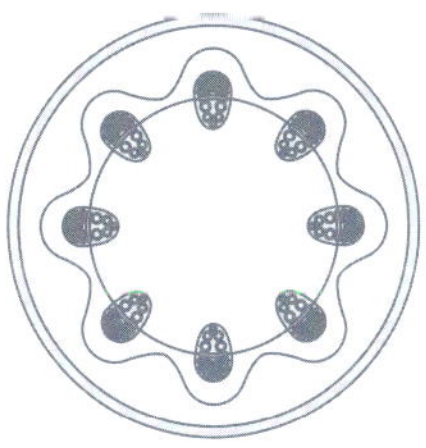 Abb. 2	Gemeinsamkeiten: Unterschiede:

b) Ordne die betreffenden Pflanzen systematischen Gruppen zu.

9 a) Zeichne den Weg des Wassers und der gelösten Mineralsalze durch die Pflanze in die Abbildung ein. Verwende dazu verschiedene Farben.

b) Beschreibe den Weg des Wassers und der Mineralsalze in der Pflanze.

10 Das Wasser wird in Bäumen von den Wurzeln bis zu den Laubblättern transportiert – oft bis zu einer Höhe von 30 m und mehr. Erkläre das Phänomen.

11 In der Sprossachse erfolgt der Transport von Stoffen sowohl von der Wurzel zu den Blättern als auch umgekehrt.

a) Gib die Teile der Sprossachse an, in denen der Stofftransport erfolgt.

b) Vervollständige die Übersicht.

Transportierte Stoffe	Leitungsbahnen	Transportrichtungen

12 Benenne die Teile eines Laubblattes.

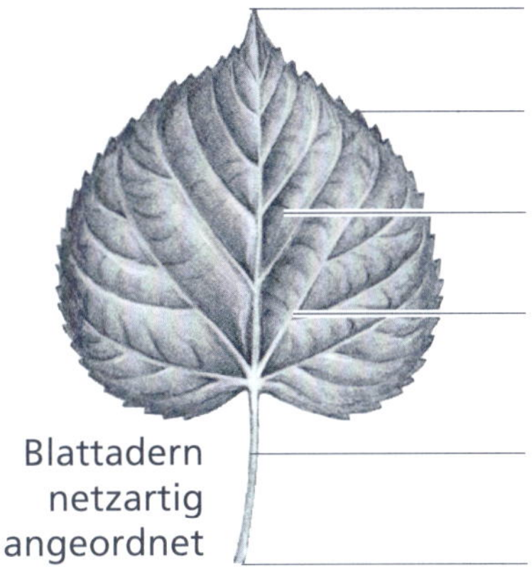

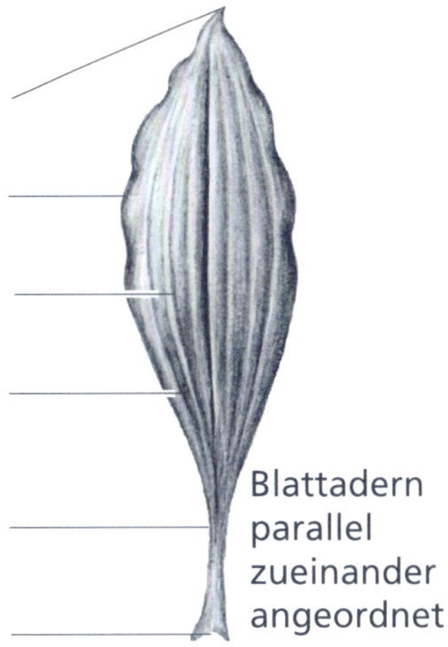

13 Benenne die in der nachfolgenden Abbildung gekennzeichneten Teile des Querschnitts eines Laubblatts. Gib in Klammern die Funktion der Teile an.

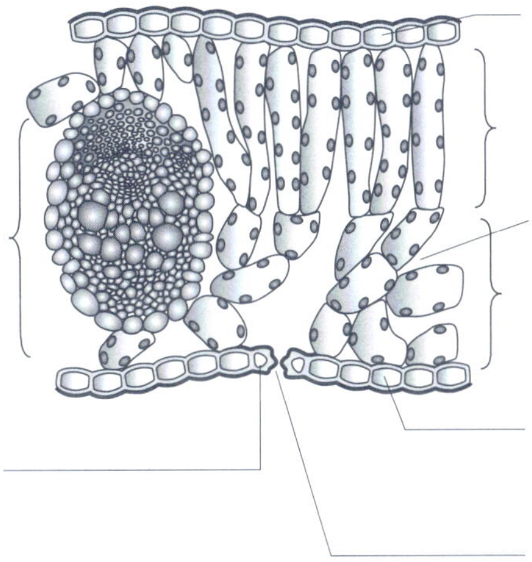

14 a) Nenne Zellen des Blatts, in denen sich Chloroplasten befinden.
Gib pflanzliche Zellen an, die Mitochondrien enthalten.

b) Skizziere einen Chloroplasten und ein Mitochondrium. Beschreibe jeweils den Bau.

15 Spaltöffnungen sind für die Transpiration von Bedeutung.

a) Beschrifte die Abbildung.

b) Beschreibe die Regulierung der Wasserdampfabgabe über die Spaltöffnungen.

16 Laubblätter sind durch ihren äußeren Bau an das Wasserangebot ihres Standorts angepasst. Erläutere diese Aussage.

Die Fotosynthese

1 a) Gib an, welcher Prozess hier dargestellt wird. Ergänze die Übersicht.

b) Nenne Bedingungen und Ort für diesen Prozess.

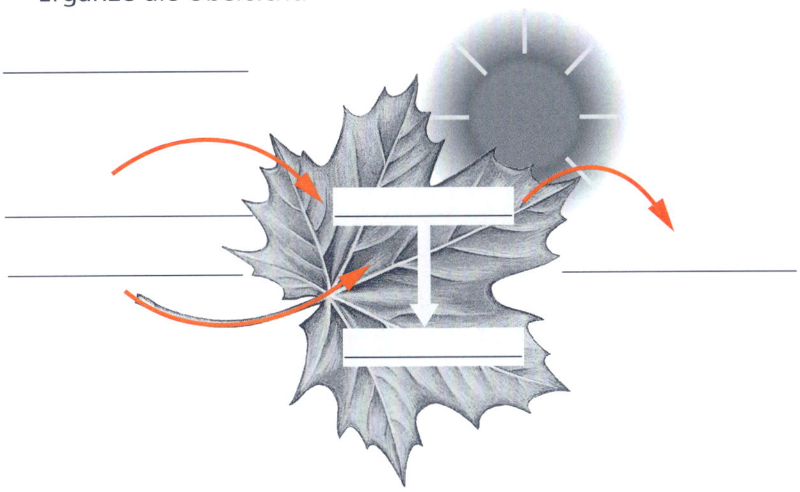

2 Im Blattquerschnitt findest du Palisadenzellen, Zellen aus dem Schwammgewebe, Schließzellen der Spaltöffnung und Epidermiszellen.
In welchen Zellen kann die Fotosynthese nicht ablaufen? Begründe.

3 a) Trage am Strukturmodell des Chloroplasten Ausgangsstoffe, Produkte sowie Bedingungen und Ort der Fotosynthese ein.

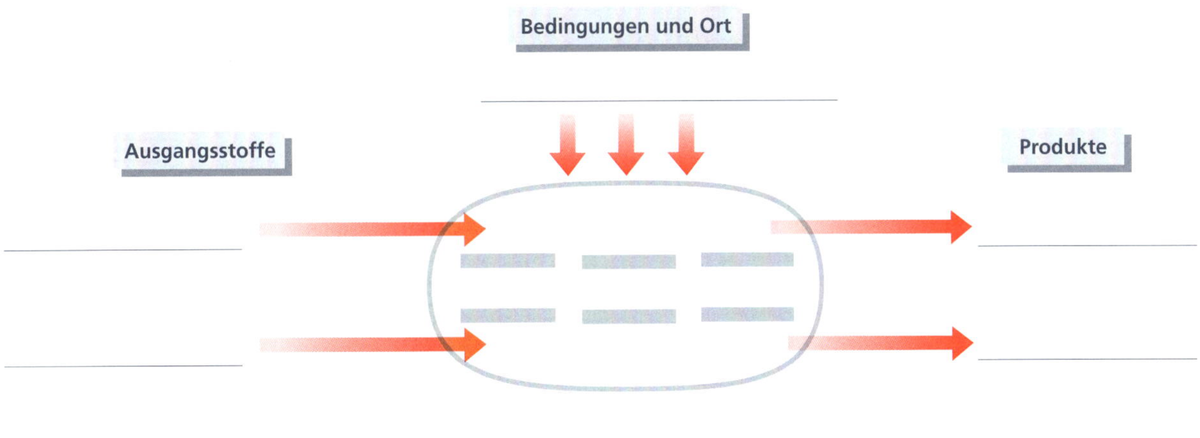

b) Stelle die Bilanz der Fotosynthese als Wortgleichung und Summengleichung auf.

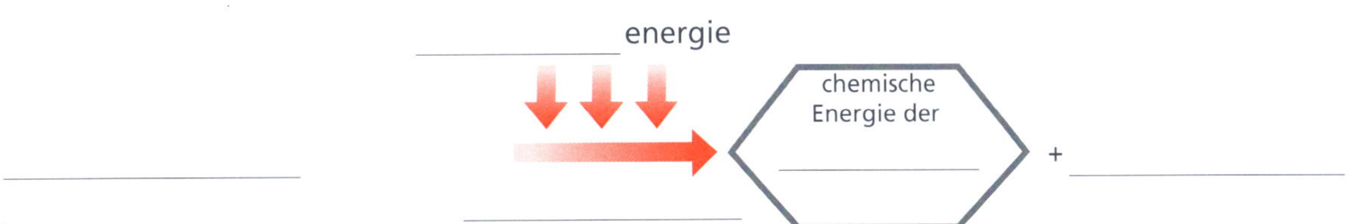

Summengleichung:

4 Beschreibe die Merkmale der lichtabhängigen und lichtunabhängigen Phase der Fotosynthese.

Lichtabhängige Phase:

Lichtunabhängige Phase:

5 Zeige die Wechselwirkungen zwischen lichtabhängiger und lichtunabhängiger Phase auf.

a) Ergänze das Schema.

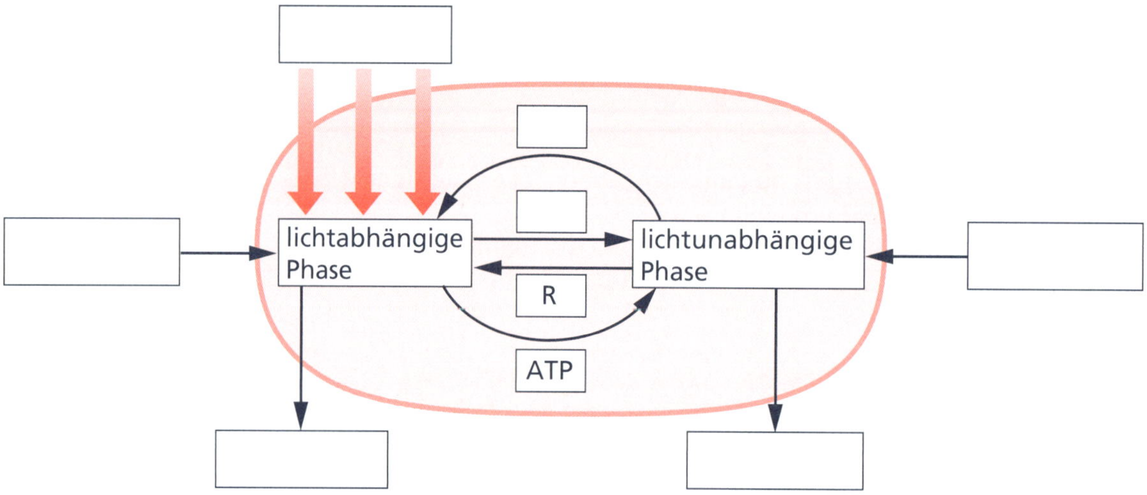

b) Warum kann eine grüne Wasserpflanze in kohlenstoffdioxidfreiem Wasser trotz ausreichender Belichtung keinen Traubenzucker bilden?

6 Die Glucose ist die Grundlage für die Bildung weiterer organischer Stoffe in pflanzlichen Zellen. Fülle die Übersicht aus und nenne jeweils ein Beispiel.

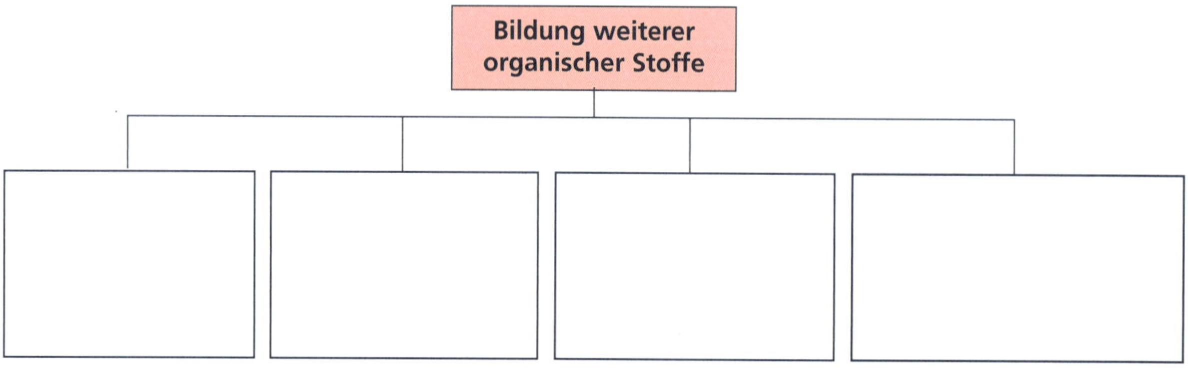

7 a) Ergänze die Übersicht.

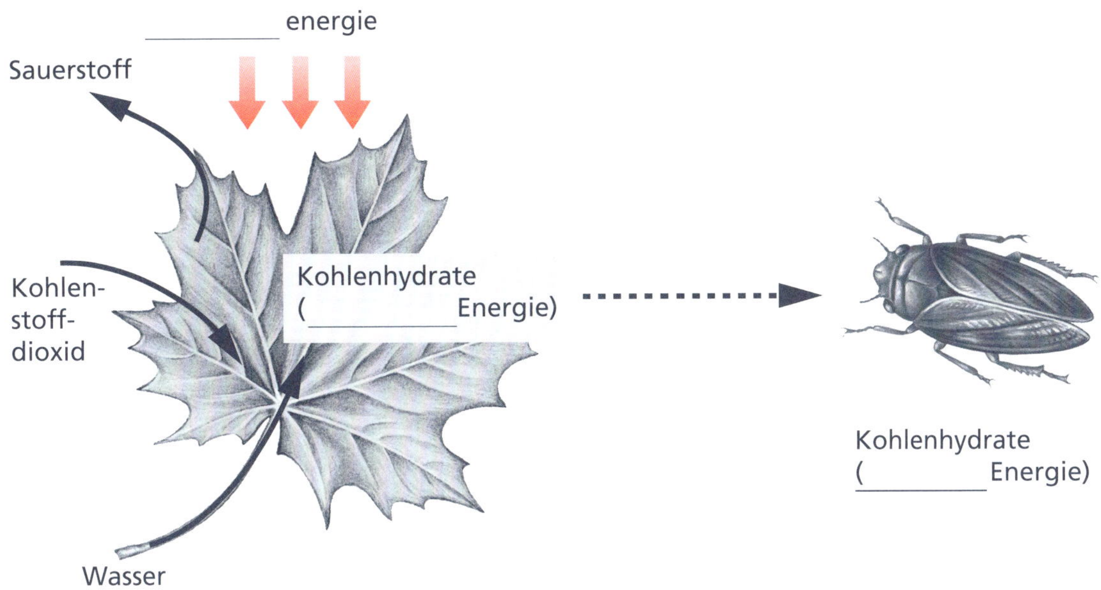

anorganische Stoffe → _____ Stoffe

organische Stoffe → _____ Stoffe

_____ Assimilation —organische Stoffe / _____→ _____ Assimilation

b) Auch für die heterotrophen Organismen bildet die Fotosynthese die Lebensgrundlage. Begründe diese Aussage mithilfe der Abbildung.

_____

_____

_____

_____

_____

_____

_____

_____

_____

8 Die Fotosynthese ist die Grundlage für das Leben auf der Erde. Ergänze dazu den Lückentext.

Die Produkte der Fotosynthese sind _____ und _____. _____ und die daraus gebildeten organischen Stoffe sind die Grundlage für die _____ heterotropher Organismen wie Mensch und Tier. Der durch Fotosynthese gebildete _____ ersetzt den bei der _____ der Organismen verbrauchten Sauerstoffanteil in der Luft.

Die Atmung

1 a) Ergänze das Strukturmodell.

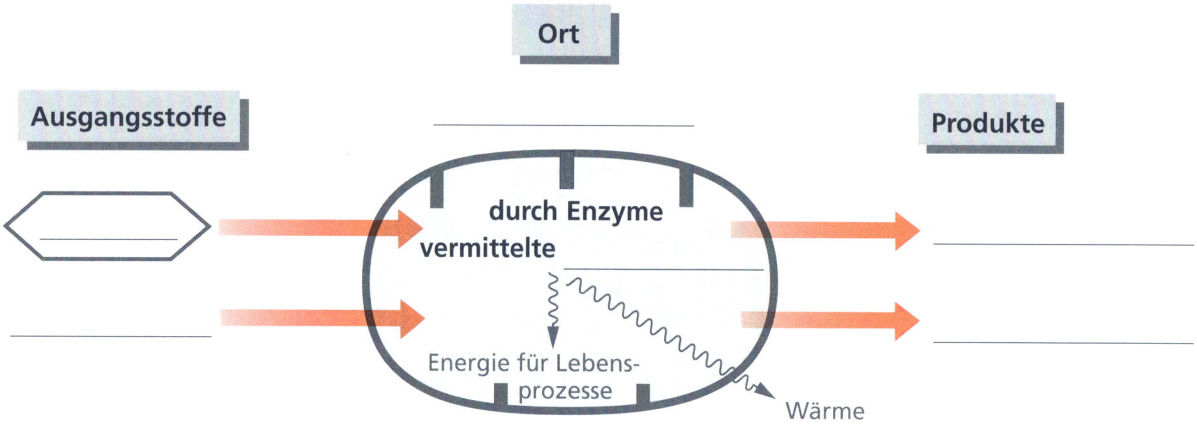

b) Beschreibe die Umwandlung der Energie in dieser Reaktion.

____

2 Beschreibe mithilfe des Lückentexts die Stoff- und Energieumwandlungen bei der Zellatmung.

Die Atmung läuft in den ____________ ab. ____________ und ____________ sind die Ausgangsstoffe, ____________ und ____________ sind die Produkte der Atmung.

Die Atmung ist ein ____________ Prozess. Die chemische Energie der ____________ wird in chemische Energie des ____________ und thermische Energie umgewandelt. Die thermische Energie wird als ____________ an die Umwelt abgegeben. Die im ______ gespeicherte chemische Energie wird zur Aufrechterhaltung der Lebensprozesse in den Zellen (z. B. Wachstum) genutzt. Die Stoff- und Energieumwandlungen bei der Atmung verlaufen schrittweise unter Mitwirkung von ____________ .

3 Fasse wesentliche Merkmale der Fotosynthese und der Atmung in der Tabelle zusammen.

Stoff- und Energiewechselprozesse	Stoffumwandlungen		Vergleich der chemischen Energie von Ausgangsstoffen (E_A) und Produkten (E_R)	Energieumwandlungen
	Ausgangsstoffe	Produkte		
Fotosynthese				
Atmung				

Fotosynthese und Atmung

1 Fotosynthese oder Atmung?
Ordne die Merkmale der Fotosynthese oder der Zellatmung zu.

Merkmale	Fotosynthese	Atmung
Abgabe von Sauerstoff		
Ablauf bei Zufuhr von Lichtenergie		
Aufnahme von Sauerstoff		
Abgabe von Kohlenstoffdioxid		
Ablauf in den Chloroplasten		
Bildung von Glucose		
Aufnahme von Kohlenstoffdioxid		
Verbrauch von Kohlenstoffdioxid		
Ablauf in den Mitochondrien		
Umwandlung von Lichtenergie in chemische Energie (Glucose)		
Umwandlung von chemischer Energie der Glucose in chemische Energie des ATP		

2 Der folgende Text enthält 9 Fehler. Finde sie heraus und berichtige sie.

Die grünen Pflanzen ernähren sich heterotroph. Sie nehmen anorganische Stoffe, z. B. Traubenzucker und Wasser, auf. Daraus bilden sie mithilfe von chemischer Energie und Chlorophyll körpereigene organische Stoffe, z. B. Kohlenstoffdioxid. Bei diesem Prozess, der Atmung, wird Sauerstoff frei. Dieser Sauerstoff ist Lebensgrundlage für die Fotosynthese der Menschen und Tiere. Menschen und Tiere ernähren sich von anorganischen Stoffen, z. B. von Kohlenhydraten, Fetten und Eiweißen. Diese Stoffe nehmen sie mit ihrer Nahrung auf. Daraus bilden sie körpereigene anorganische Stoffe. Mensch und Tier ernähren sich autotroph.

1	4	7
2	5	8
3	6	9

3 Begründe folgende Aussage: Für die Erhaltung des Lebens auf der Erde liefert die Fotosynthese die stoffliche und energetische Grundlage.

Ausflug in die Geschichte – Joseph Priestley

1 Der britische Naturwissenschaftler Joseph Priestley (1733 – 1804) interessierte sich u. a. für die Zusammensetzung der Luft. Er führte dazu eine Reihe von Untersuchungen mit Pflanzen und Tieren durch. Diese gingen als „historische Experimente“ in die Geschichte der Naturwissenschaften ein. Die Experimente sind in den folgenden Abbildungen dargestellt. Die Glasbehälter waren jeweils luftdicht abgeschlossen.

a) Ergänze zunächst, welche Vorgänge in den drei Abbildungen dargestellt werden.

A B C

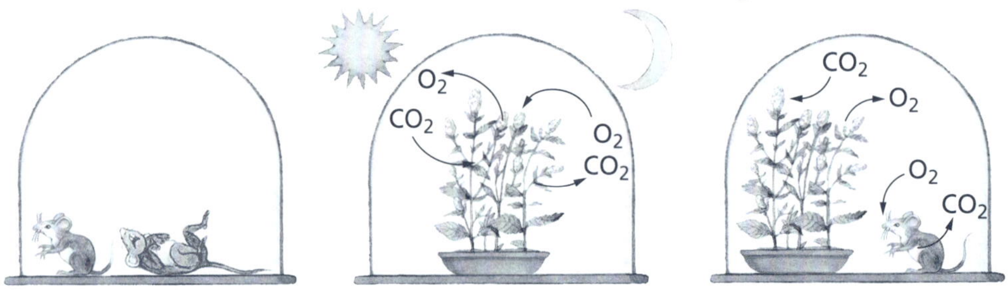

b) Betrachte die Abbildungen noch einmal genau. Welche Beobachtungen machte Priestley wohl während der Experimente?

A:

B:

C:

c) Erkläre deine Beobachtungen.

A:

B:

C:

Stoffwechselprozesse und ihre Bedeutung

1 Alle Organismen benötigen für die Aufrechterhaltung ihrer Lebensprozesse Energie, die oft durch die Atmung erzeugt wird. Einige Bakterien und Pilze gewinnen Energie jedoch durch Gärung. Vervollständige die nachfolgenden Übersichten, sodass die entsprechenden Gärungsprozesse deutlich werden. Nenne jeweils Beispiele für die Anwendung solcher Prozesse.

a) Alkoholische Gärung

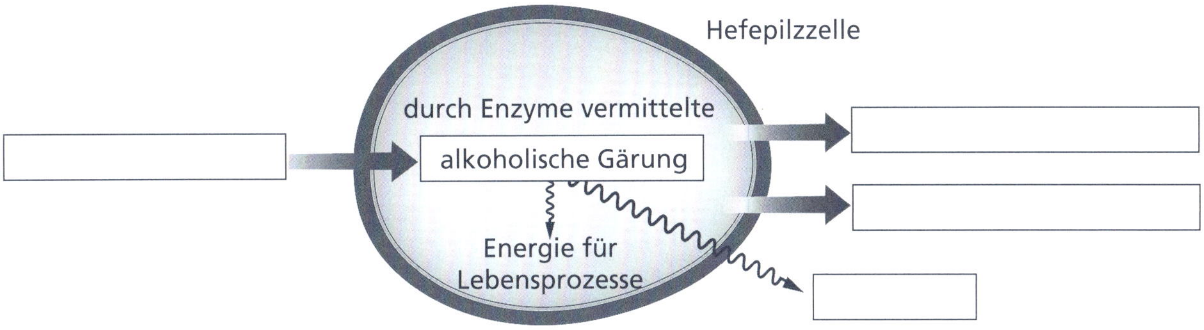

Beispiele: ______________________________

b) Milchsäuregärung

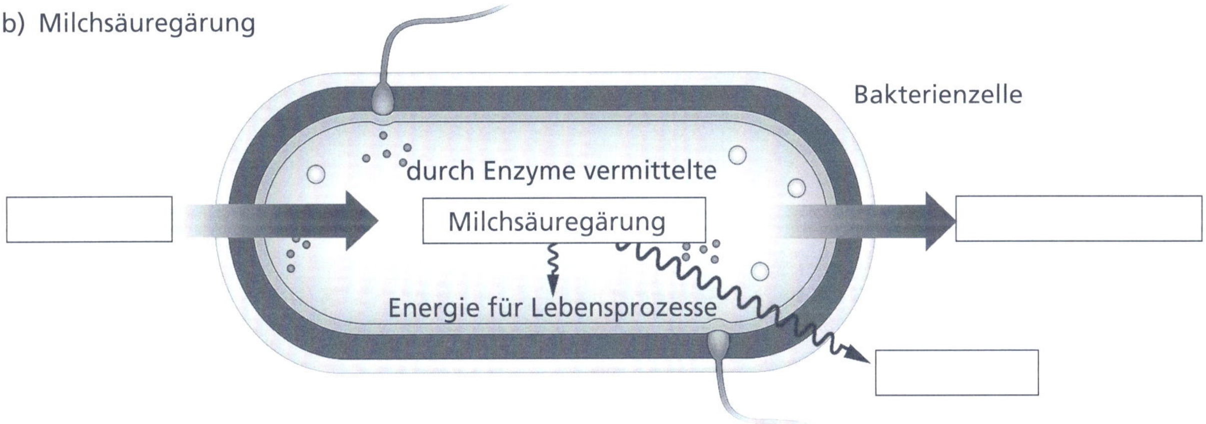

Beispiele: ______________________________

2 a) Industriell hergestellte und verpackte H-Milch ist lange haltbar. Begründe diese Tatsache.

____

____

____

b) Wird Milch, die sofort nach dem Melken in ein luftdicht abgeschlossenes Behältnis gebracht wird, sauer? Begründe deine Antwort.

____

____

____

____

3 **Aufgabe:** Weise Milchsäure in Milch und Sauerkrautsaft nach.

Materialien: Trinkmilch, saure Milch, Sauerkrautsaft; 3 Bechergläser, Universalindikatorpapier, 2 Erlenmeyerkolben, 2 durchbohrte Stopfen, 2 Gärröhrchen, Calciumhydroxidlösung, Glucoselösung, Hefepilze (Hefe)

Durchführung und Beobachtung:
1. Zu Hause wird der Geschmack (Süßigkeit) der drei Flüssigkeiten überprüft und die Ergebnisse werden notiert.
2. Im Unterricht wird mithilfe des Indikatorpapiers der Säuregehalt ermittelt.

50 ml von	Geschmack	Säuregrad
Trinkmilch		
saure Milch		
Sauerkrautsaft		

Auswertung:
Beschreibe und begründe die Ergebnisse.

4 **Aufgabe:** Weise die alkoholische Gärung durch Hefepilze nach.

Durchführung:
Baue die Versuchsanordnung entsprechend der Abbildung auf.

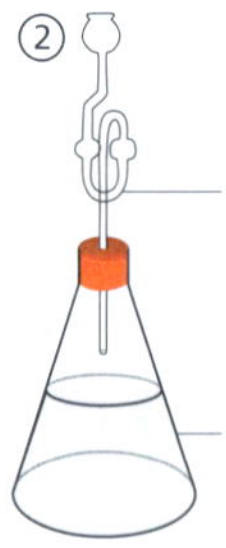

Beobachtung: ①

②

Auswertung: